国家“双高计划”电子信息工程技术专业群建设成果
“十四五”高等职业教育电子与信息类系列新形态教材

电磁兼容检测技术与应用

王志兵　卞建勇　麦　强◎主　编
李杏清　高　龙◎副主编

中国铁道出版社有限公司
CHINA RAILWAY PUBLISHING HOUSE CO., LTD.

内 容 简 介

本书是国家“双高计划”电子信息工程技术专业群建设成果，以工作岗位为导向，以电子产品 EMC（电磁兼容）测试流程为主线，以快速掌握 EMC 测试知识为出发点，通过六个实际工作项目详细讲解 EMC 测试，内容包括电磁兼容认知、电磁干扰测试（EMI）、谐波测试（harmonic）和电压闪烁测试（flicker）、电磁抗扰度测试（EMS）、雷击浪涌测试（surge）、电磁兼容标准及应用认知等。

通过实际工作项目的讲解，读者将学会如何进行 EMC 测试，掌握 EMI 和 EMS 测试的关键技术。

本书适合作为高等职业院校电子信息工程技术、智能产品开发与应用、智能机器人技术等专业教材，也可作为从事 EMC 测试工作的工程师和技师的重要参考书。

图书在版编目（CIP）数据

电磁兼容检测技术与应用/王志兵，卞建勇，麦强主编. —北京：中国铁道出版社有限公司，2024. 8

“十四五”高等职业教育电子与信息类系列新形态教材

ISBN 978-7-113-31230-5

Ⅰ. ①电… Ⅱ. ①王… ②卞… ③麦… Ⅲ. ①电磁兼容性-检测-高等职业教育-教材 Ⅳ. ①TN03

中国国家版本馆 CIP 数据核字（2024）第 091416 号

书　　名： 电磁兼容检测技术与应用
作　　者： 王志兵　卞建勇　麦　强

策　　划： 唐　旭　何红艳　　**编辑部电话：**（010）63560043
责任编辑： 何红艳　绳　超
封面设计： 郑春鹏
责任校对： 苗　丹
责任印制： 樊启鹏

出版发行： 中国铁道出版社有限公司（100054，北京市西城区右安门西街 8 号）
网　　址： https://www.tdpress.com/51eds/
印　　刷： 河北燕山印务有限公司
版　　次： 2024 年 8 月第 1 版　2024 年 8 月第 1 次印刷
开　　本： 787 mm×1 092 mm 1/16　**印张：** 13.5　**字数：** 345 千
书　　号： ISBN 978-7-113-31230-5
定　　价： 42.00 元

前言

随着电子产品给人们生活带来巨大便利的同时也产生了一些新的问题，比如电磁辐射、传导抗干扰、静电危害、电压闪烁、工频磁场、雷击浪涌等电磁兼容问题。为了把这些危害降到最低，各个国家制定了电磁兼容的标准，要求电子产品在上市前必须满足这些标准，否则不准在市场上流通。因而电磁兼容（electro magnetic compatibility, EMC）测试技术也就成了现代社会一项非常重要的技术。而作为全球最大电子产品制造基地的中国，培养一批满足科技和测试业发展需要、掌握先进电子产品测试技术、具有实践能力的高素质专业人才非常有必要。本书旨在通过 EMC 检测，预防和减少电磁干扰，保障关键技术设备和系统的安全稳定运行，满足 EMC 测试新技术、新方法和新设备的发展需求，培养符合企业要求的新型 EMC 测试专业人才。

本书是国家“双高计划”电子信息工程技术专业群建设成果，属于测试类专业教程，适应电子信息工程技术、智能产品开发与应用和智能机器人技术等专业的学生，主要支撑学生电子产品测试和创新思维能力的培养。具体特色如下：

1. 体现能力本位功能，突出职业能力培养

本书不仅包含 EMC 测试理论知识，更强调 EMC 测试关键技术的掌握，注重岗位技能应用，将项目的内容序化为完整的测试过程，建立工作六要素（测试对象、测试内容、法规要求、场地布置、系统架设、结果分析）之间的内在联系，展示测试工作原貌，在完成职业活动过程中不断培养发现问题、分析问题和解决问题的能力。

2. 体现学生中心思想，以方便学生学习为第一原则

本书着重强调了校企合作和产教融合的典型案例教学，以确保学生能够获得实际而有用的知识和技能。通过积极的校企合作，学生可以参与真实世界的项目和实践，有助于将课堂知识与实际应用相结合。产教融合则强调了教育和产业之间的密切联系，确保教学内容与行业需求保持一致。本书基于电磁兼容测试岗位的需求，以实测项目为引领，以任务为载体，在学中做，做中学，学练合一，融“教、学、做”为一体，以学生学习便利为第一原则，实现学生核心能力的培养。

3. 以工作岗位为导向，以电子产品测试流程为主线

本书与相关企业合作开发，以工作岗位为导向，以电子产品 EMC 测试流程为主线，满足特色产业硬件测试需求。全书把 EMC 测试划分为 EMI 和 EMS 两大部分，共六个项目来

详细讲解电磁兼容测试。每个项目又分为若干任务，每个任务承载着课程需要掌握的知识技能点及素质目标，化枯燥的理论学习为实践任务，每个任务后面都设计了评价总结，实现学习成果可追溯、可查询，体现成果导向教育思想。

4. 适应“1+X”证书制度，内容选取符合职业技能等级标准

内容选取符合职业技能等级标准，适应“1+X”证书制度，在“1”的基础上，针对职业要求进行拓展和补充，将EMC测试等级标准及要求有机融入书中，实现课证融通。

5. 体现“专业+思政+创新”的要求，实现三育融合

本书在项目测试过程中不仅体现专业精神和创新元素，还融入了思政元素，选定手机的EMI和EMS测试作为专业和创新主题，处处展现求真务实、实践创新、精益求精的精神，实现三育融合。

本书由东莞职业技术学院王志兵、卞建勇、麦强任主编，东莞职业技术学院李杏清、高龙任副主编，其他参与编写人员还有东莞职业技术学院朱彩莲、张依群、魏海红、郑晓东、熊丽萍、高爽、徐治根、高祖宇，东莞信宝电子产品检测有限公司高级工程师吴李慧、马长叶。

由于编者水平有限，书中难免有疏漏与不妥之处，恳请读者批评指正。

编　者

2024年3月

目 录

项目一 电磁兼容认知 1

任务一 认识电磁兼容 …… 1

相关知识 …… 1

一、电磁兼容的发展历程 …… 2

二、电磁兼容研究的主要内容 …… 4

任务决策 …… 5

任务实施 …… 6

评价总结 …… 7

任务二 掌握电磁干扰的分类、危害及传播 …… 8

相关知识 …… 8

一、电磁干扰的危害 …… 8

二、电磁干扰的传播 …… 9

任务决策 …… 10

任务实施 …… 11

评价总结 …… 12

任务三 电磁兼容三要素认知 …… 13

相关知识 …… 13

一、电磁干扰源 …… 13

二、耦合路径 …… 15

三、电磁干扰敏感源 …… 16

任务决策 …… 17

任务实施 …… 18

评价总结 …… 19

任务四 熟悉电磁兼容常用指标计算 …… 20

相关知识 …… 20

一、功率增益的计算 …… 20

二、电压电流的增益计算 …… 21

三、功率密度的计算 …… 22

任务决策 …… 23

任务实施 …… 24

评价总结 …… 25

巩固与提高 …… 26

项目二　电磁干扰测试(EMI) 27
任务一　布置电磁兼容测试场地 27
相关知识 27
一、开阔试验场 28
二、半电波暗室 29
三、全电波暗室 30
四、TEM 传输室和混响室 31
任务决策 33
任务实施 34
评价总结 35
任务二　架设电磁兼容测试设备 36
相关知识 36
一、电磁干扰测量接收机 36
二、频谱分析仪 37
三、天线 39
四、人工电源网络 42
任务决策 45
任务实施 46
评价总结 47
任务三　传导电磁干扰测试(CE) 48
相关知识 48
一、场地布置及环境设置 48
二、测试方法及步骤 49
三、测试法规要求 52
四、测试结果及数据判定 53
任务决策 55
任务实施 56
评价总结 57
任务四　辐射电磁干扰测试(RE) 58
相关知识 58
一、场地布置及系统架设 58
二、测试方法及步骤 60
三、测试法规要求 61
四、测试结果及数据判定 61
任务决策 64
任务实施 65
评价总结 66
巩固与提高 67

项目三　谐波测试(harmonic)和电压闪烁测试(flicker)　69

任务一　谐波测试(harmonic) …… 69
相关知识 …… 69
一、谐波电流的定义及危害 …… 70
二、场地布置及系统架设 …… 72
三、测试方法及步骤 …… 74
四、测试法规要求 …… 75
五、测试结果及数据判定 …… 77
任务决策 …… 80
任务实施 …… 81
评价总结 …… 82
任务二　电压闪烁测试(flicker) …… 83
相关知识 …… 83
一、电压闪烁产生的原因及危害 …… 83
二、测试方法及步骤 …… 84
三、测试法规要求 …… 85
四、测试结果及数据判定 …… 88
任务决策 …… 90
任务实施 …… 91
评价总结 …… 92
巩固与提高 …… 93

项目四　电磁抗扰度测试(EMS)　95

任务一　传导抗扰度测试(CS) …… 95
相关知识 …… 95
一、测试设备及系统架设 …… 96
二、测试方法及步骤 …… 96
三、测试法规要求 …… 98
四、测试结果及数据判定 …… 99
任务决策 …… 101
任务实施 …… 102
评价总结 …… 103
任务二　辐射抗扰度测试(RS) …… 104
相关知识 …… 104
一、场地布置及系统架设 …… 104
二、测试方法及步骤 …… 107
三、测试法规要求 …… 107
四、测试结果及数据判定 …… 109

任务决策 …… 111
任务实施 …… 112
评价总结 …… 113
任务三　静电抗扰度测试(ESD) …… 114
相关知识 …… 114
一、静电简介 …… 114
二、场地布置及系统架设 …… 115
三、测试方法及步骤 …… 117
四、测试法规要求 …… 119
五、测试结果判定 …… 119
任务决策 …… 120
任务实施 …… 121
评价总结 …… 122
任务四　瞬态脉冲抗扰度测试(EFT) …… 123
相关知识 …… 123
一、瞬态脉冲抗扰度测试简介 …… 123
二、场地布置及系统架设 …… 124
三、测试方法及步骤 …… 125
四、测试法规要求 …… 125
五、测试结果评估及数据判定 …… 127
任务决策 …… 129
任务实施 …… 130
评价总结 …… 131
任务五　工频磁场抗扰度测试(PMF) …… 132
相关知识 …… 132
一、工频磁场抗扰度测试的定义及意义 …… 132
二、场地布置及系统架设 …… 133
三、测试方法及步骤 …… 134
四、测试法规要求 …… 135
五、测试结果及数据判定 …… 136
任务决策 …… 138
任务实施 …… 139
评价总结 …… 140
任务六　电压跌落抗扰度测试(DIP) …… 141
相关知识 …… 141
一、电压跌落 …… 141
二、测试方法及步骤 …… 143
三、测试法规要求 …… 143
四、测试结果及数据判定 …… 144

任务决策 …… 146
任务实施 …… 147
评价总结 …… 148
巩固与提高 …… 149

项目五　雷击浪涌测试(surge) 151

任务一　浪涌测试 …… 151
相关知识 …… 151
一、雷击浪涌 …… 151
二、场地布置及设备 …… 152
三、测试配置及方法 …… 156
四、测试法规要求 …… 159
五、测试结果及数据判定 …… 160
任务决策 …… 162
任务实施 …… 163
评价总结 …… 164
任务二　熟悉 EMC 接地技术 …… 165
相关知识 …… 165
一、接地的基本概念 …… 165
二、接地方式 …… 169
三、测试方法及设备 …… 171
四、大楼接地方式及要求 …… 172
任务决策 …… 175
任务实施 …… 176
评价总结 …… 177
巩固与提高 …… 178

项目六　电磁兼容标准及应用认知 179

任务一　熟悉电磁兼容标准体系 …… 179
相关知识 …… 179
一、EMC 国际标准体系 …… 179
二、EMC 国内标准体系 …… 181
任务决策 …… 183
任务实施 …… 184
评价总结 …… 185
任务二　掌握电磁兼容标准分类 …… 186
相关知识 …… 186
一、基础标准 …… 186
二、通用标准 …… 187

三、产品类标准 …… 190
四、专用产品类标准 …… 190
任务决策 …… 191
任务实施 …… 192
评价总结 …… 193
任务三　各国电磁兼容标准及应用认知 …… 194
相关知识 …… 194
一、中国标准 …… 194
二、欧洲标准 …… 196
三、美国标准 …… 197
任务决策 …… 199
任务实施 …… 200
评价总结 …… 201
巩固与提高 …… 202
附录 A　EMC 测试专业术语 204
附录 B　EMC 测试标准 205
参考文献 206

项目一 电磁兼容认知

知识目标

1. 了解EMC(电磁兼容)历史背景;
2. 理解EMC概念;
3. 熟悉EMC的发展历程;
4. 熟悉EMC各种各样的干扰;
5. 熟悉EMC研究的主要内容;
6. 掌握EMC测试的不同方法及分类。

技能目标

1. 能初步认识EMI和EMS;
2. 给定测试方法能够判定其分类;
3. 给定测试指标能正确判定测试方法;
4. 能对给定电子产品结合企业设备情况、生产批量情况进行合理的测试内容分析。

素质目标

1. 培养爱岗敬业、团队协作的精神;
2. 培养安全意识、环保意识;
3. 增强创新创意、职业素养;
4. 培养求真务实、实践创新、精益求精的精神。

任务一 认识电磁兼容

相关知识

什么是EMC? 很多第一次学EMC的人都想问这个问题,甚至是学了一段时间EMC的人都不是很懂。

EMC就是电磁兼容(electro magnetic compatibility),是电子、电气设备或系统的一种重要的技术性能。具体来讲,就是设备或者系统在其电磁环境中符合要求运行并不对其环境中的任何设备产生无法忍受的电磁干扰的能力。EMC 主要包括 EMI 和 EMS。

EMI(electromagnetic interference,电磁干扰)是指任何在传导骚扰或辐射电磁场中伴随着电压、电流的作用而产生会降低某个装置、设备或系统的性能,或可能对生物或物质产生不良影响的电磁现象。

EMS(electromagnetic susceptibility,电磁抗扰度)是指处在一定环境中的设备或系统,在正常运行时,承受相应标准、相应规定范围内的电磁能量干扰的能力。

知道了什么是 EMC,下面介绍一下 EMC 测试。

视 频

EMC测试项目介绍

EMC 测试就是针对各种电子产品一系列的与电磁兼容相关的检测技术,是目前电子行业里非常流行、需要符合一定国家标准的一种检测技术。EMC 测试种类很多,主要分为 EMI 测试和 EMS 测试,如图 1-1 所示。

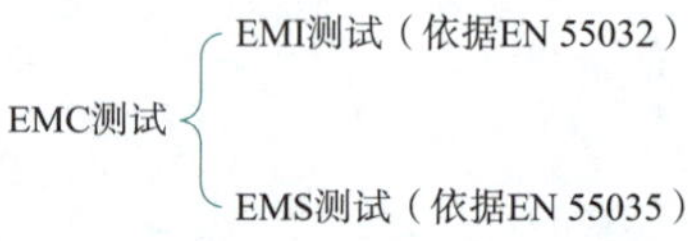

EMC测试
- EMI测试（依据EN 55032）
- EMS测试（依据EN 55035）

图 1-1　EMC 测试

其中,EMI 测试主要有传导电磁干扰测试(CE)、辐射电磁干扰测试(RE),如图 1-2 所示。EMS 测试主要包括传导抗扰度测试(CS)、辐射抗扰度测试(RS)、静电抗扰度测试(ESD)、瞬态脉冲抗扰度测试(EFT)、工频磁场抗扰度测试(PMF)、电压跌落抗扰度测试(DIP)、雷击浪涌测试(surge),如图 1-3 所示。

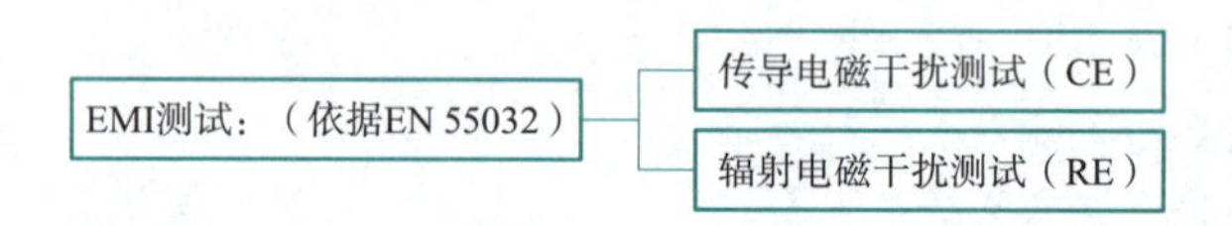

图 1-2　EMI 测试

一、电磁兼容的发展历程

电磁兼容的发展历程可以分为以下几个阶段:

第一阶段:启蒙阶段。19 世纪 80 年代开始,处于电磁兼容的启蒙阶段,典型的代表是希维赛德的《论干扰》、法拉第发现电磁感应定律以及赫兹在实验室证明了电磁波的存在,如图 1-4 所示。

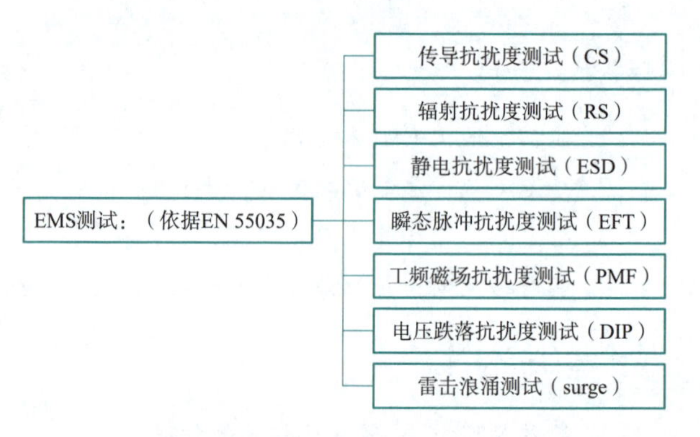

图 1-3　EMS 测试

第二阶段:早期阶段。20 世纪初到 20 世纪 50 年代,一些发达国家开始进一步研究电磁兼容,并且颁布了一系列电磁兼容方面的军用标准和设计规范,并不断加以充实和完善。

第三阶段:发展阶段。20 世纪 60 年代到 80 年代,现代科技向高频、高速、高灵敏度、高安装密度、高集成度、高可靠性方向发展,其应用范围越来越广,渗透社会的每一个角落。大规模集成电路的出现将人类带入信息时代,信息高速公路和高速计算机技术成为人类社会生产和生活的主导技术。快速发展带来的负面影响之一就是电磁干扰问题的日趋严重,也就极大地促进了 EMC 技术的发展。

第四阶段:快速发展阶段。进入 20 世纪 80 年代,电磁兼容已成为十分活跃的学科领域,许多国家在电磁兼容标准与规范、分析预测、设计、测量及管理等方面均达到了很高水平,有高精度的电磁干扰(EMI)和电磁抗扰度(EMS)自动测量系统,可进行各种系统间的 EMC 测试,研制出系统内和系统间的各种 EMC 计算机分析程序。在电磁干扰抑制技术方面，理论和实际处理方法已很完善，研制出许多专用的新材料、新器件，并形成了一类新的 EMC 产业，如图 1-5 所示。

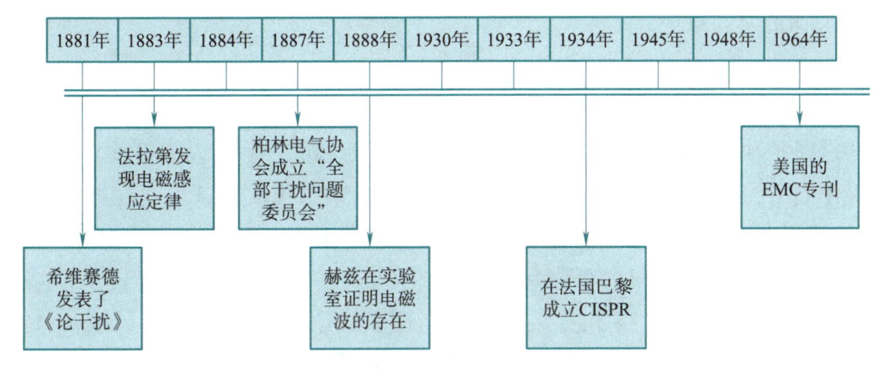

图 1-4　电磁兼容发展启蒙阶段

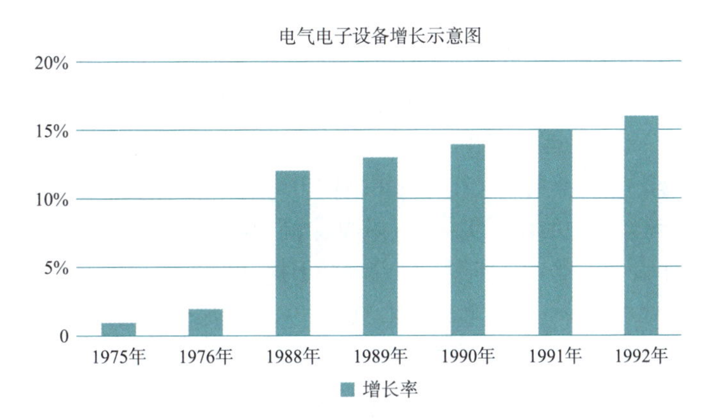

图 1-5　电磁兼容快速发展阶段

第五阶段：高速发展阶段。21 世纪至今，随着 2G/3G/4G/5G 的快速发展，电子产品的大量普及，无线技术的高速发展，电磁兼容测试进入了高速发展阶段，已经成为现代各种电子产品上市不可缺少的一道流程，如图 1-6 所示。

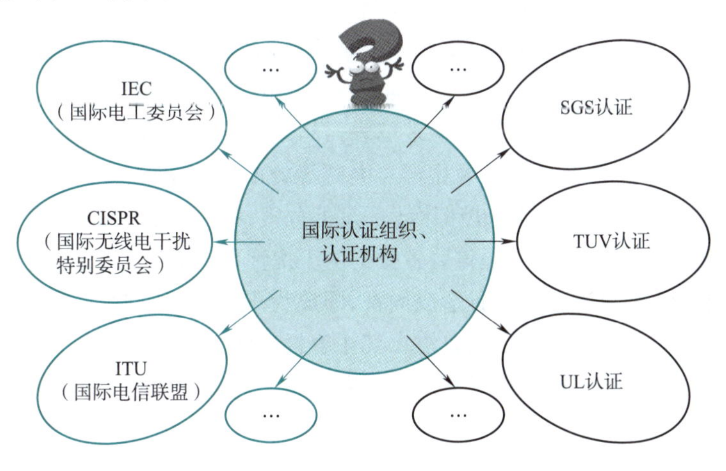

图 1-6　电磁兼容高速发展阶段

进行电磁兼容(包括电磁干扰和电磁抗扰度)检测与试验的机构非常多,有科学研究院、航天环境可靠性试验中心、环境可靠性与电磁兼容试验中心、电子产品检测公司、质检中心,以及华为、中兴、vivo、OPPO公司的实验室等。

二、电磁兼容研究的主要内容

电磁兼容是指各种电气或电子设备在电磁环境复杂的共同空间中,以规定的安全系数满足设计要求的正常工作能力,又称电磁兼容性。它的含义包括:电子系统或设备之间在电磁环境中的相互兼顾;电子系统或设备在自然界电磁环境中能按照设计要求正常工作。若再扩展到电磁场对生态环境的影响,则又可把电磁兼容学科内容称为环境电磁学。

电磁兼容的研究是随着电子技术逐步向高频、高速、高精度、高可靠性、高灵敏度、高密度(小型化、大规模集成化)、大功率、小信号运用、复杂化等方面的需要而逐步发展的。特别是在人造地球卫星、导弹、计算机、通信设备和潜艇中大量采用现代电子技术后,使电磁兼容问题更加突出。

各种运行的电力设备之间以电磁传导、电磁感应和电磁辐射三种方式彼此关联并相互影响,在一定的条件下会对运行的设备和人员造成干扰、影响和危害。

20世纪80年代兴起的电磁兼容(EMC)学科以研究和解决这一问题为宗旨,主要是研究和解决干扰的产生、传播、接收、抑制机理及其相应的测量和计量技术,并在此基础上根据技术经济最合理的原则,对产生的干扰水平、抗干扰水平和抑制措施做出明确的规定,使处于同一电磁环境的设备都是兼容的,同时又不向该环境中的任何实体引入不能允许的电磁扰动。

内部干扰是指电子设备内部各元部件之间的相互干扰,包括以下几种:

(1)工作电源通过线路的分布电容和绝缘电阻产生漏电造成的干扰;

(2)信号通过地线、电源和传输导线的阻抗互相耦合,或导线之间的互感造成的干扰;

(3)设备或系统内部某些元件发热,影响元件本身或其他元件的稳定性造成的干扰;

(4)大功率和高电压部件产生的磁场、电场通过耦合影响其他部件造成的干扰。

外部干扰是指电子设备或系统以外的因素对线路、设备或系统的干扰,包括以下几种:

(1)外部的高电压、电源通过绝缘漏电而干扰电子线路、设备或系统;

(2)外部大功率的设备在空间产生很强的磁场,通过互感耦合干扰电子线路、设备或系统;

(3)空间电磁波对电子线路或系统产生的干扰;

(4)工作环境温度不稳定,引起电子线路、设备或系统内部元器件参数改变造成的干扰;

(5)由工业电网供电的设备和由电网电压通过电源变压器所产生的干扰。

总之,电磁兼容技术的发展非常迅速,从地球表面到人造卫星活动的空间内处处存在着电磁波,电和磁无时无刻不在影响着人们的生活及生产。电磁能的广泛应用,使工业技术的发展日新月异。电磁能在为人类创造巨大财富的同时,也带来了一定的危害,称为电磁污染,研究电磁污染是环境保护中的重要分支。以往人们把无线电通信装置受到的干扰称为电磁干扰,表明装置受到外部干扰侵入的危害,其实它本身也对外部其他装置造成危害,即成为干扰源。因此必须同时研究装置的干扰和被干扰,对装置内部的组织和装置之间要注意其相容性。随着科学技术的发展,日益广泛采用的微电子技术和电气化的逐步实现,形成了复杂的电磁环境。不断研究和解决电磁环境中设备之间以及系统间相互关系的问题,促进了电磁兼容技术的高速发展。

任务决策

任务一　课前任务决策单

一、学习指南

1. 任务名称

认识电磁兼容

2. 达成目标

3. 学习方法建议

4. 课前预习心得

二、学习任务

学习任务	学习过程	学习建议
子任务1：明确任务	明确学习任务，查找资料，填写课前任务决策单	阅读相关知识，查看资料，独立思考。初步感知，为下一步的学习和思考奠定基础
子任务2：课前预习	课前预习疑问： (1)______ (2)______ (3)______	可以围绕以上问题展开研究，也可以自主确立想研究的问题

任务实施

任务一　课中任务实施单

一、学习指南

1. 任务名称

认识电磁兼容

2. 达成目标

3. 学习方法建议

4. 电磁兼容现状及历史

二、任务实施

任务实施	实施过程	学习建议
子任务3： 分组讨论 分工合作	我和同伴怎么分工：____ 我们研究的问题是：____ 小组名称：____ 小组成员：____ 实施步骤：____（可附页） 预期研究成果展示形式：____ ____ ____	（1）就你最感兴趣的问题，寻找同伴形成小组进行研究，可单人研究一个主题。 （2）关于小组合作，提出几点建议： ①合理分工，发挥长处。 ②互帮互助，团结协作。 ③虚心学习，取长补短。 （3）登录超星平台搜索“电磁兼容检测技术与应用”课程。 提醒：信息庞杂一定要注意筛选与整理
子任务4： 多种形式 记录成果	我们的成果是：____ ____ ____	可以通过以下途径开展学习： （1）因特网； （2）图书馆； （3）参观博物馆； （4）访谈专家

任务一　课后评价总结单

一、评价

1. 学习成果

2. 自主评价

3. 学后反思

二、总结

项　目	学习过程	学习建议
展示交流 研究成果	我们展示的方式：________ 资源包地址：________	作品呈现方式建议： PPT、视频、图片、照片、文稿、手抄报、角色表演的录像等。 学习成果的分享方式： (1)将学习成果上传超星平台； (2)手机、电话、微信等交流
多方对话 自主评价	(见下表)	(1)评价自我学习成果，评价其他小组的学习成果； (2)评价方式： 优：四颗星； 良：三颗星； 中：两颗星； 及格：一颗星
学后反思 拓展思考	总结学习成果： (1)我收获的知识：________ (2)我提升的能力：________ (3)我需要努力的方面：________	总结过后，可以登录超星平台，挑战一下“拓展思考”，在讨论区发表自己的看法

项　目	优	良	中	及格	不及格
按时完成任务					
搜索整理信息能力					
小组协作意识					
汇报展示能力					
创新能力					

任务二 掌握电磁干扰的分类、危害及传播

相关知识

一、电磁干扰的危害

电磁干扰的危害种类繁多,主要有以下三类:

1. 对电子设备的危害

电磁干扰通常包括自然干扰以及人为干扰两种。自然干扰具体由各种自然现象产生,包括具备特定功能的电子设备工作过程中产生的电磁能量影响其他设备造成的噪声,这些具备特定功能的电子设备包括电视、雷达等;人为干扰产生于各种人工装置中,是电子设备在发挥自身功能的过程中产生的副作用造成的电磁干扰,例如,电子设备在开启开关或者关闭开关过程中形成的放电电弧,汽车点火时出现的电火花等。

自然干扰或者人为干扰均通过传导电磁干扰或者辐射电磁干扰的形式干扰空间内的其他电子设备,或者干扰同一回路中的电子设备,使其他设备不能稳定工作,更有甚者电磁干扰将造成电子设备出现火灾等灾难性后果。例如,医疗行业使用的短波电料设备、微波电料设备、高频手术刀等电子设备工作过程中都发射电磁能量,这种电磁能量将造成空间辐射干扰,使其他设备不能安全、可靠、稳定运行。如果在飞机机舱内开启笔记本计算机、手机等电子设备,使其呈现使用状态,这些电子设备运行过程中将形成电磁干扰噪声,以空间辐射的方式对飞机上的传感器造成影响,使飞机导航系统以及其他系统出现操作故障,严重情况下将造成空难。

2. 对人体健康的危害

人们每天生活在各种电子设备环绕的环境中,对于电磁辐射并未做出任何防护措施。电磁辐射强度如果高于人体承受最高水平,将造成电磁辐射污染,使人们的身体健康受到侵害。电磁辐射能量可以直接伤害人体内部器官,通常表现出热效应以及非热效应两种状况。热效应可以理解为电磁辐射能流率超过 10 W/m^2 的情况下,身体以及体内器官出现温度增加的状况。电磁辐射将不断加热人体细胞,从而影响到人体的血流速度逐步提升,造成人体发热,直接呈现出生理以及神经等方面的不良反应。研究指出,射线透过的深度和电磁干扰频率产生明显的关联性,低于1 GHz 以内的射线就能够顺利穿透人体组织,而3 GHz 以上的电磁辐射射线产生的能量大部分由人体皮肤吸收。

非热效应是由于长时间受到低于 10 W/m^2 的电磁辐射产生的。当前,针对非热效应的机理需要深层次研究和剖析,然而实践证实非热效应确实会伤害人体。当人体处于电磁场环境里,电磁场的强度以及频率将影响人的血液特性使其呈现出微波变化,并影响人的染色体结构发生变化。国外医学研究发现,高压输电线路会产生一种伤害人体的电磁场,这种电磁场将造成高压输电线路附近居住的居民身体上出现损伤,严重情况下将导致死亡。

3. 对武器装备的危害

现代的无线电发射机和雷达能产生很强的电磁辐射场,这种辐射场能引起装在武器装备系统中

的灵敏电子引爆装置失控而过早启动，对制导导弹会导致偏离飞行弹道和增大距离误差，对飞机而言，则会引起操作系统失稳、航向不准、高度显示出错、雷达天线跟踪位置偏移等危害。

案例　19世纪70年代，美国曾出现过两起由电磁干扰造成的恶性事故。第一件是在炼钢厂，控制桥式起重机的电子电路受到干扰，而使正在吊运的钢水包中的钢水不受控地倾倒在车间地面上，并造成了人身事故。另一件是一个戴生物电假肢的骑摩托车者，当行驶在某处高压送电线下方，由于假肢控制系统受到电磁干扰而导致失控，随之而来的当然是人仰车翻。

二、电磁干扰的传播

电磁干扰需要通过有效途径才能传播出去，那么，电磁干扰的传播途径有哪些呢？通常认为电磁干扰传播有两种方式：一种是传导传输方式；另一种是辐射传输方式。因此从被干扰的敏感源来看，电磁干扰传播途径一般也分为两种，即传导耦合方式和辐射耦合方式。

传导传输必须在干扰源和敏感源之间有完整的电路连接，干扰信号沿着这个连接电路传递到敏感源，发生干扰现象。这个传输电路可包括导线、设备的导电构件、供电电源、公共阻抗、接地平板、电阻、电感、电容和互感元件等。

辐射传输是通过介质以电磁波的形式传播，干扰能量按电磁场的规律向周围空间发射。常见的辐射耦合有三种：

(1)天线对天线耦合：甲天线发射的电磁波被乙天线意外接收。

(2)场对线的耦合：空间电磁场经导线感应而耦合。

(3)线对线的感应耦合：指两根平行导线之间的高频信号感应。

在实际工程中，两个设备之间发生干扰通常包含着许多种途径的耦合，除了有传导耦合、辐射耦合，还有电容耦合、电感耦合、电阻耦合等。正因为多种途径的耦合同时存在，反复交叉耦合，共同产生干扰，才使电磁干扰变得难以控制。

任务决策

任务二　课前任务决策单

一、学习指南

1. 任务名称

掌握电磁干扰的分类及传播

2. 达成目标

3. 学习方法建议

4. 课前预习心得

二、学习任务

学习任务	学习过程	学习建议
子任务1：明确任务	明确学习任务，查找资料，填写课前任务决策单	阅读相关知识，查看资料，独立思考。初步感知，为下一步的学习和思考奠定基础
子任务2：课前预习	课前预习疑问： (1)________ (2)________ (3)________	可以围绕以上问题展开研究，也可以自主确立想研究的问题

任务二　课中任务实施单

一、学习指南

1. 任务名称
   掌握电磁干扰的分类及传播

2. 达成目标

3. 学习方法建议

4. 电磁兼容现状及历史

二、任务实施

任务实施	实施过程	学习建议
子任务3： 分组讨论 分工合作	我和同伴怎么分工：__________ 我们研究的问题是：__________ 小组名称：__________ 小组成员：__________ 实施步骤：__________（可附页） 预期研究成果展示形式：__________ __________ __________	(1)就你最感兴趣的问题，寻找同伴形成小组进行研究，可单人研究一个主题。 (2)关于小组合作，提出几点建议： ①合理分工，发挥长处。 ②互帮互助，团结协作。 ③虚心学习，取长补短。 (3)登录超星平台搜索“电磁兼容检测技术与应用”课程。 提醒：信息庞杂一定要注意筛选与整理
子任务4： 多种形式 记录成果	我们的成果是：__________ __________ __________	可以通过以下途径开展学习： (1)因特网； (2)图书馆； (3)参观博物馆； (4)访谈专家

评价总结

任务二　课后评价总结单

一、评价

1. 学习成果

2. 自主评价

3. 学后反思

二、总结

<table>
<tr><th>项　　目</th><th>学习过程</th><th>学习建议</th></tr>
<tr><td>展示交流
研究成果</td><td>我们展示的方式：________________
资源包地址：________________</td><td>作品呈现方式建议：
PPT、视频、图片、照片、文稿、手抄报、角色表演的录像等。
学习成果的分享方式：
(1)将学习成果上传超星平台；
(2)手机、电话、微信等交流</td></tr>
<tr><td>多方对话
自主评价</td><td><table><tr><th>项　　目</th><th>优</th><th>良</th><th>中</th><th>及格</th><th>不及格</th></tr><tr><td>按时完成任务</td><td></td><td></td><td></td><td></td><td></td></tr><tr><td>搜索整理信息能力</td><td></td><td></td><td></td><td></td><td></td></tr><tr><td>小组协作意识</td><td></td><td></td><td></td><td></td><td></td></tr><tr><td>汇报展示能力</td><td></td><td></td><td></td><td></td><td></td></tr><tr><td>创新能力</td><td></td><td></td><td></td><td></td><td></td></tr></table></td><td>(1)评价自我学习成果，评价其他小组的学习成果；
(2)评价方式：
优：四颗星；
良：三颗星；
中：两颗星；
及格：一颗星</td></tr>
<tr><td>学后反思
拓展思考</td><td>总结学习成果：
(1)我收获的知识：________________
(2)我提升的能力：________________
(3)我需要努力的方面：________________</td><td>总结过后，可以登录超星平台，挑战一下“拓展思考”，在讨论区发表自己的看法</td></tr>
</table>

任务三 电磁兼容三要素认知

相关知识

产生电磁兼容问题，或者说发生电磁干扰，必须同时具备三个条件，也就是电磁兼容的三要素：电磁干扰源（简称"干扰源"）、耦合路径和电磁干扰敏感源（简称"敏感源"），如图1-7所示。

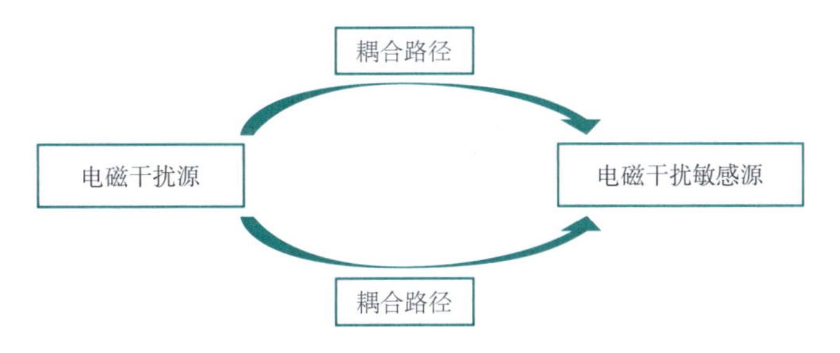

图1-7　电磁兼容三要素

实际的电磁干扰过程，由电磁干扰源发出的能量，通过某种耦合路径传输到敏感设备，导致敏感设备出现某种形式的响应并产生效果。实际测试过程中必须注意国家标准对电磁干扰源干扰发射的限制和对电磁干扰敏感源敏感度的限制。

一、电磁干扰源

电磁干扰源有很多，分类的方法也很多。一般说来，电磁干扰源分为两大类：自然干扰源和人为干扰源，如图1-8所示。

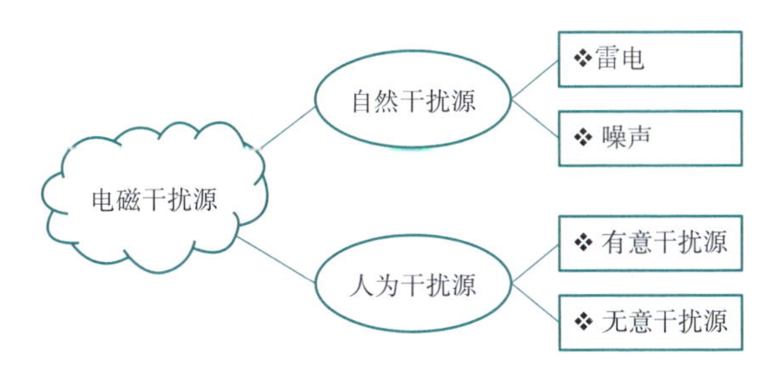

图1-8　电磁干扰源

自然干扰源主要来源于大气层的天电噪声、地球外层空间的宇宙噪声。它们既是地球电磁环境的基本要素组成部分，同时又是对无线电通信和空间技术造成干扰的干扰源。自然噪声会对人造卫星和宇宙飞船的运行产生干扰，也会对弹道导弹运载火箭的发射产生干扰。

自然干扰源主要包括大气中发生的各种现象，如雷电、风雪、暴雨、冰雹、沙尘暴等产生的噪声，如图1-9所示。自然干扰源还包括来自太阳和外层空间的宇宙噪声，如太阳噪声、星际噪声、银河噪声等。

图 1-9　大气层电离子和太阳辐射

人为干扰源是由机电或其他人工装置产生电磁能量干扰，其中一部分是专门用来发射电磁能量的装置，如广播、电视、通信、雷达和导航等无线电设备，称为有意发射干扰源。另一部分是在完成自身功能的同时附带产生电磁能量的发射，如交通车辆、架空输电线、照明器具、电动机械、家用电器以及工业、医用射频设备等。因此这部分称为无意发射干扰源，如图 1-10 所示。

人为干扰源是多种多样的，如各种信号发射机、振荡器、电动机、开关、继电器、氖灯、荧光灯、发动机点火系统、电铃、电热器、电弧焊接机、高速逻辑电路、门电路、晶闸管逆变器、气体整流器、电晕放电、各种高频设备、城市噪声、电气铁道引起的噪声以及由核爆炸产生的核电磁脉冲等，如图 1-10 所示。

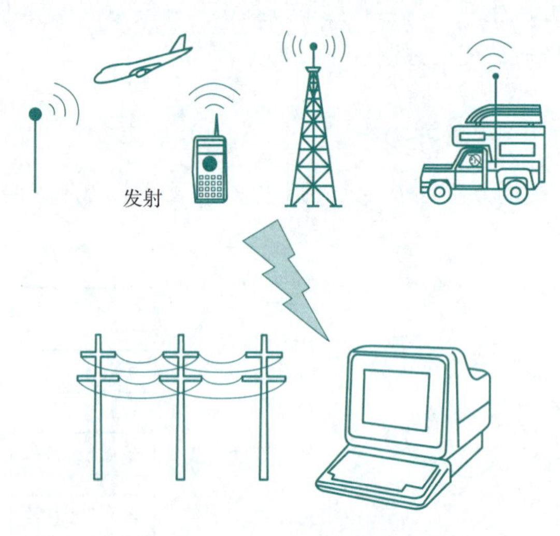

图 1-10　人为干扰源

电磁干扰源从不同的角度来看有不同的分类，从干扰属性、频谱宽度和频率范围来看，可以有以下分类：

1. 从电磁干扰属性来分

从电磁干扰属性来分，可以分为功能性干扰源和非功能性干扰源。

功能性干扰源是指设备实现功能过程中造成对其他设备的直接干扰；非功能性干扰源是指用电装置在实现自身功能的同时伴随产生或附加产生的副作用，如开关闭合或切断产生的电弧放电干扰。

2. 从电磁干扰信号频谱宽度来分

从电磁干扰信号频谱宽度来分，可以分为宽带干扰源和窄带干扰源。它们是相对于指定感受器的带宽大或小来加以区别的。干扰信号的带宽大于指定感受器带宽的称为宽带干扰源,反之称为窄带干扰源。

3. 从电磁干扰信号的频率范围来分

从电磁干扰信号的频率范围来分,可以把电磁干扰源分为工频与音频干扰源(50 Hz 及其谐波)、甚低频干扰源(30 Hz 以下)、载频干扰源(10 kHz ~ 300 kHz)、射频及视频干扰源(300 kHz)、微波干扰源(300 MHz ~ 100 GHz)。

二、耦合路径

耦合路径又称耦合通道,指把能量从干扰源耦合到敏感源上,并使敏感源产生响应的媒介,如图 1-11 所示。

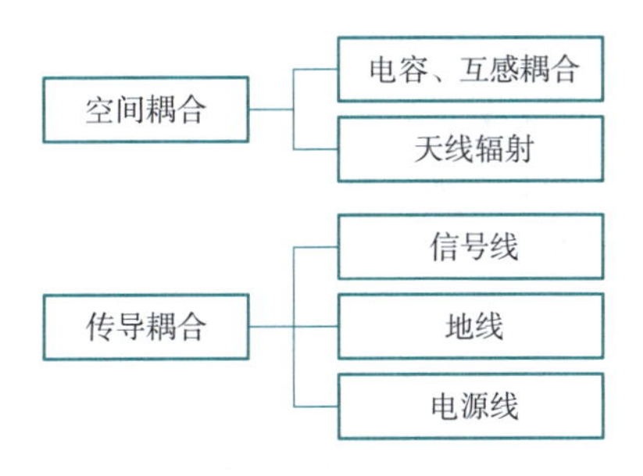

图 1-11　耦合路径

耦合路径有两条,如图 1-12 所示。

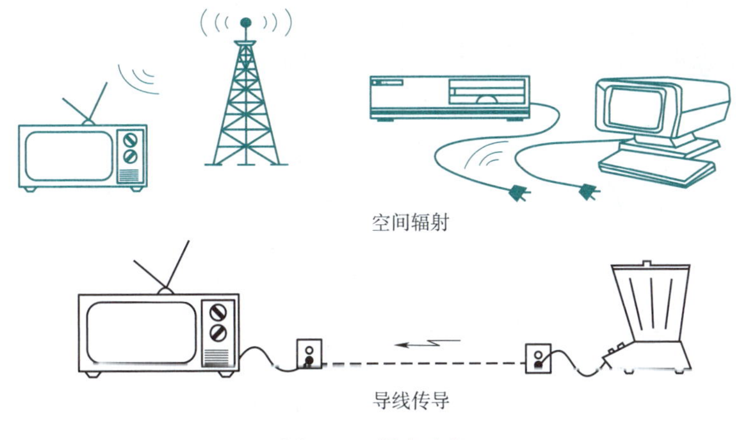

图 1-12　耦合路径

1. 通过空间辐射

辐射发射不仅包括远场条件电磁波的发射规律,也包括近场条件下的电磁耦合对周围环境的干扰影响。

2. 通过导线传导

传导发射讨论骚扰沿导线传输的影响。通常传导发射通过公共地线、公共电源线和互连信号线而实现。

在实际工程应用中,电磁干扰源通常借助前门耦合或后门耦合作用于敏感源。

前门耦合是指能量通过目标上的天线、传输线等媒介耦合到发射系统和接收系统内,以破坏其前端电子设备。

后门耦合是指通过目标上的缝隙或孔洞耦合进入系统,干扰其电子设备,使其不能正常工作或烧毁电子设备中的微电子器件和电路。

三、电磁干扰敏感源

在电磁兼容实际运用中,任何电路都可能成为电磁干扰敏感源,电磁干扰敏感源又称电磁敏感设备,是指当受到电磁骚扰源所发出的电磁能量的作用时,会受到伤害的人或其他生物,以及会发生电磁危害,导致性能降级或失效的器件、设备、分系统或系统。许多器件、设备、分系统或系统既是电磁骚扰源又是电磁敏感设备。电磁敏感设备是对干扰对象的总称,可以是一个很小的元件或一个电路板组件,也可以是一个单独的用电设备甚至可以是一个大型系统。

对于敏感性试验,骚扰源就是向设备注入骚扰的装置。辐射敏感性试验的骚扰源是发射天线,传导敏感性试验的骚扰源是注入卡钳(磁场注入)、电容耦合夹(电场注入)或者耦合变压器。而敏感源当然就是受试设备,如图 1-13 所示。

例如,发射试验时,骚扰源是受试设备;敏感源是频谱分析仪、EMI 接收机;耦合路径是电磁波辐射(接收天线)、传导(LISN)。

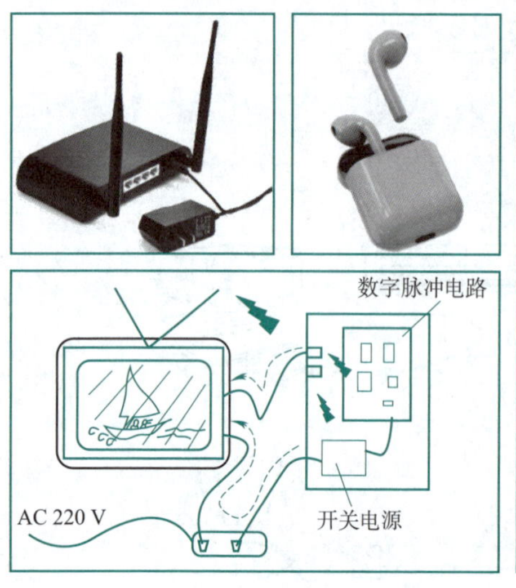

图 1-13　电磁干扰敏感源

任务决策

任务三　课前任务决策单

一、学习指南

1. 任务名称

电磁兼容三要素认知

2. 达成目标

3. 学习方法建议

4. 课前预习心得

二、学习任务

学习任务	学习过程	学习建议
子任务1： 明确任务	明确学习任务，查找资料，填写课前任务决策单	阅读相关知识，查看资料，独立思考。初步感知，为下一步的学习和思考奠定基础
子任务2： 课前预习	课前预习疑问： (1)________ (2)________ (3)________	可以围绕以上问题展开研究，也可以自主确立想研究的问题

任务实施

任务三　课中任务实施单

一、学习指南

1. 任务名称

电磁兼容三要素认知

2. 达成目标

3. 学习方法建议

4. 熟悉电磁兼容三要素

二、任务实施

任务实施	实施过程	学习建议
子任务3： 分组讨论 分工合作	我和同伴怎么分工：________ 我们研究的问题是：________ 小组名称：________ 小组成员：________ 实施步骤：________（可附页） 预期研究成果展示形式：________ ________ ________	（1）就你最感兴趣的问题，寻找同伴形成小组进行研究，可单人研究一个主题。 （2）关于小组合作，提出几点建议： ①合理分工，发挥长处。 ②互帮互助，团结协作。 ③虚心学习，取长补短。 （3）登录超星平台搜索“电磁兼容检测技术与应用”课程。 提醒：信息庞杂一定要注意筛选与整理
子任务4： 多种形式 记录成果	我们的成果是：________ ________ ________	可以通过以下途径开展学习： （1）因特网； （2）图书馆； （3）参观博物馆； （4）访谈专家

任务三　课后评价总结单

一、评价

1. 学习成果

2. 自主评价

3. 学后反思

二、总结

<table>
<tr><th>项　　目</th><th>学习过程</th><th>学习建议</th></tr>
<tr><td>展示交流
研究成果</td><td>我们展示的方式：________________
资源包地址：________________</td><td>作品呈现方式建议：
PPT、视频、图片、照片、文稿、手抄报、角色表演的录像等。
学习成果的分享方式：
（1）将学习成果上传超星平台；
（2）手机、电话、微信等交流</td></tr>
<tr><td>多方对话
自主评价</td><td><table><tr><th>项　　目</th><th>优</th><th>良</th><th>中</th><th>及格</th><th>不及格</th></tr><tr><td>按时完成任务</td><td></td><td></td><td></td><td></td><td></td></tr><tr><td>搜索整理信息能力</td><td></td><td></td><td></td><td></td><td></td></tr><tr><td>小组协作意识</td><td></td><td></td><td></td><td></td><td></td></tr><tr><td>汇报展示能力</td><td></td><td></td><td></td><td></td><td></td></tr><tr><td>创新能力</td><td></td><td></td><td></td><td></td><td></td></tr></table></td><td>（1）评价自我学习成果，评价其他小组的学习成果；
（2）评价方式：
优：四颗星；
良：三颗星；
中：两颗星；
及格：一颗星</td></tr>
<tr><td>学后反思
拓展思考</td><td>总结学习成果：
（1）我收获的知识：________________
（2）我提升的能力：________________
（3）我需要努力的方面：________________</td><td>总结过后，可以登录超星平台，挑战一下“拓展思考”，在讨论区发表自己的看法</td></tr>
</table>

任务四 熟悉电磁兼容常用指标计算

相关知识

一、功率增益的计算

在电磁兼容分析中，分贝（dB）是用来表示两个物理量比例的对数单位，对于 dB 有一个正确的理解是十分必要的。例如，对传导骚扰的限值为 dBμV 或 dBμA，对辐射骚扰的限值为 dBμV/m，金属机箱的屏蔽效能和滤波器的插入损耗也都用 dB 来衡量等。频谱分析仪的幅度显示刻度一般也是以 dB 来表示的。在实际工程中，有许多错误也都是由于对 dB 的错误理解所造成的。

dB 是测量的物理量与作为比较的参考物理量之间的比值的对数（以 10 为底），用以表示两者的倍率关系。其实，dB 最早是用来表示声音的强度，但是在电磁兼容中，dB 表示的不是声音，而是物理量（功率、电压、电流等）之间的一个比值，比如功率的单位是 W，为了表示更宽的量程范围，功率增益常常用两个相同量比值的常用对数来表示，即“贝尔”。

$$G_{贝尔} = \lg \frac{P_o}{P_i} \tag{1-1}$$

但是，贝尔是个较大的值，为了使用方便，采用贝尔的 1/10，即分贝来表示功率增益，即

$$G_{dB} = 10\lg \frac{P_o}{P_i} \tag{1-2}$$

式中，P_o 为输出功率；P_i 为输入功率。如果 P_o 大于 P_i，分贝数即为正，表示有功率增益；如果 P_o 小于 P_i，分贝数即为负，表示功率发生损耗。

分贝实际就是两个数值的比值，分贝数只表示两个数值的比值的大小，而不直接提供数值的绝对大小。

例如：一个放大器的输入功率为 10 mW，而输出功率为 100 W，说明放大器放大了 10 000 倍，用分贝表示则为 40 dB，即

$$G_{dB} = 10\lg \frac{P_o}{P_i} = 10\lg \frac{100}{0.01}\ \text{dB} = 40\ \text{dB} \tag{1-3}$$

注意：dB 是一个表征相对值的值，纯粹的比值，值表示两个量的相对大小关系，没有单位，当考虑甲的功率比乙的功率大或者小多少 dB 时，按照公式 $10\lg(P_{甲}/P_{乙})$ 计算，如果采用两者的电压比计算，采用公式 $20\lg(V_{甲}/V_{乙})$。

例如：甲的功率比乙的功率大一倍，那么，$10\lg(P_{甲}/P_{乙}) = 10\lg 2\ \text{dB} = 3\ \text{dB}$，也就是说，甲的功率比乙的功率大 3 dB；反之，如果甲的功率是乙的功率的一半，则甲的功率比乙的功率小 3 dB。

为什么电磁兼容测试需要采用 dB 来作为计量单位，采用 dB 作计量单位的意义何在？

（1）dB 具有压缩数据的特点，用其计量可使测量的精确性提高。

（2）dB 具有使物理量之间的换算便捷的特点，使较复杂的乘除及方幂的运算变为简单的加减和对数运算。

（3）dB 作计量单位具有反映人耳对声音干扰实际响应的特点。

其实，上述的分贝只是相对分贝，实际运用中，还有绝对分贝的表示，比如 dBW、dBm。

假设 P_i 为 1 W，P_o 的单位为 W，此时 dBW 可以表示为

$$G_{dBW} = 10\lg \frac{P_W}{1(\text{W})} \tag{1-4}$$

假设 P_i 为 1 mW，P_o 的单位为 mW，此时 dBm 可以表示为

$$G_{dBm}=10\lg\frac{P_{mW}}{1(mW)} \tag{1-5}$$

注意：dB 是两个量之间的比值，表示两个量间的相对大小；而 dBm 是一个表示功率绝对大小的值，可以看作以 1 mW 功率为基准的一个比值，要注意概念的区分。用一个 dBm 减另外一个 dBm 时，得到的结果是 dB，如 30 dBm－0 dBm＝30 dB。

例如：甲的输出功率为 1 mW，折算为 dBm 后为 0 dBm；乙的输出功率为 1 W，折算为 dBm 后为 10lg(1 000 mW/1 mW)＝30 dBm，如果计算乙相对于甲的功率增益，利用式(1-2)，得到 $G=$ 10lg(1 W/1 mW)＝30 dB，所以 30 dBm－0 dBm＝10lg(1 000 mW/1 mW)－10lg(1 mW/1 mW)＝10lg(1 000/1)＝30 dB

总之，在工程实际中，dB 表示的是一个相对值，dB 和 dB 之间只有加减，没有乘除，而用得最多的是减法。dBm 也是一样，dBm 减去 dBm 实际上就是两个功率相除，信号功率和噪声功率相除就是信噪比(SNR)，dBm 加 dBm 实际上是两个功率相乘，没有实际的物理意义。

二、电压电流的增益计算

在电磁兼容测试中，如果在计算分贝的时候，把功率变成电压和电流，增益又该如何计算？

电压的增益定义为

$$G_u=20\lg\frac{U_o}{U_i} \tag{1-6}$$

根据前面的公式(1-2)得到：

$$G_{dB}=10\lg\frac{P_o}{P_i}=10\lg\frac{U_o^2/R}{U_i^2/R}=10\lg\left(\frac{U_o^2}{U_i^2}\right)=20\lg\frac{U_o}{U_i}=G_{dBV}$$

假设 U_i 为 1 mV，U_o 的单位为 mV，此时 dBmV 可以表示为

$$G_{dBmV}=20\lg\frac{U_{mV}}{1(mV)} \tag{1-7}$$

所以，0 dBV＝60 dBmV。

假设 U_i 为 1 μV，U_o 的单位为 μV，此时 dBμV 可以表示为

$$G_{dB\mu V}=20\lg\frac{U_{\mu V}}{1(\mu V)} \tag{1-8}$$

所以，0 dBV＝120 dBμV。

同理，电流的增益定义为

$$G_i=20\lg\frac{I_o}{I_i} \tag{1-9}$$

这个式子可以根据前面式(1-2)得来：

$$G_{dB}=10\lg\frac{P_o}{P_i}=10\lg\frac{I_o^2R}{I_i^2R}=10\lg\left(\frac{I_o^2}{I_i^2}\right)=20\lg\frac{I_o}{I_i}=G_{dBA}$$

假设 I_i 为 1 mV，I_o 的单位为 mA，此时 dBmA 可以表示为

$$G_{dBmA}=20\lg\frac{I_{mA}}{1(mA)} \tag{1-10}$$

所以，0 dBA＝60 dBmA。

假设 I_i 为 1 μA，I_o 的单位为 μA，此时 dBμA 可以表示为

$$G_{dB\mu A}=20\lg\frac{I_{\mu A}}{1(\mu A)} \tag{1-11}$$

所以,0 dBA = 120 dBμA。

电压测量值(V)的分贝(dB)单位换算:

(1) $\text{dBV} = 20\ \lg \dfrac{U}{1\ \text{V}}$

(2) $\text{dBmV} = 20\ \lg \dfrac{U}{1\ \text{mV}} + 60\ \text{dBmV}$

(3) $\text{dB}\mu\text{V} = 20\ \lg \dfrac{U}{1\ \mu\text{V}} + 120\ \text{dB}\mu\text{V}$

电流测量值(A)的分贝(dB)单位换算:

(1) $\text{dBA} = 20\ \lg \dfrac{I}{1\ \text{A}}$

(2) $\text{dBmA} = 20\ \lg \dfrac{I}{1\ \text{mA}} + 60\ \text{dBmA}$

(3) $\text{dB}\mu\text{A} = 20\ \lg \dfrac{I}{1\ \mu\text{A}} + 120\ \text{dB}\mu\text{A}$

三、功率密度的计算

功率密度是指系统输出最大的功率除以整个系统的质量、体积或面积,单位是 W/kg、W/L 或 W/m^2。

在电磁兼容中,功率密度 $S = E \times H$,基本单位为 W/m^2,其中电场强度密度为 V/m,磁场强度密度为 A/m,常用的单位有 mW/cm^2,$\mu\text{W/cm}^2$,某个以 W/m^2 为单位的量,若更改为 mW/cm^2 或者 $\mu\text{W/cm}^2$ 为单位,则换算关系为

$$1\ \text{W/m}^2 = 0.1\ \text{mW/cm}^2 = 100\ \mu\text{W/cm}^2 \tag{1-12}$$

上面 $S = E \times H$ 为功率密度,如果是 $Z = E/H$,就定义为空间波阻抗,波阻抗是一个描述电磁波电场与磁场比值关系的物理量,因为它具有阻抗的量纲才取名为波阻抗。对于垂直投射,如果波阻抗连续就不会发生反射这一点与传输线的特性阻抗非常相似。

波阻抗是指介质内部的 E/H,线阻抗指 U/I。平时所说的 50 Ω 是线阻抗的端口 U/I 值。相当于有限长传输线在一个端口加上 50 Ω 阻抗,在另一端口的 U/I 值。两者明显不一样。

当 $Z = Z_0 = 120\pi$ 时,Z_0 为自由空间波阻抗,以下等式成立:

$$S_{\text{W/m}^2} = \frac{(E_{\text{V/m}})^2}{120\pi} \tag{1-13}$$

$$S_{\text{mW/cm}^2} = \frac{(E_{\text{V/m}})^2}{1\ 200\pi} \tag{1-14}$$

$$S_{\mu\text{W/cm}^2} = \frac{(E_{\mu\text{V/m}})^2}{1\ 200\pi} \times 10^{-12} \tag{1-15}$$

所以,磁场强度为

$$H = \frac{E_{\text{V/m}}}{Z_{\Omega}} \tag{1-16}$$

$$H_{\text{dB}(\mu\text{A/m})} = 20\lg H_{(\mu\text{A/m})} \tag{1-17}$$

$$H_{\text{dB}(\mu\text{A/m})} = E_{\text{dB}(\mu\text{V/m})} - 20\lg Z_{\Omega} \tag{1-18}$$

$$H_{\text{dB}(\mu\text{A/m})} = E_{\text{dB}(\mu\text{V/m})} - 51.5\ \text{dB} \tag{1-19}$$

任务决策

任务四　课前任务决策单

一、学习指南

1. 任务名称

熟悉电磁兼容常用指标计算

2. 达成目标

3. 学习方法建议

4. 课前预习心得

二、学习任务

学习任务	学习过程	学习建议
子任务1： 明确任务	明确学习任务，查找资料，填写课前任务决策单	阅读相关知识，查看资料，独立思考。初步感知，为下一步的学习和思考奠定基础
子任务2： 课前预习	课前预习疑问： (1) ____________ (2) ____________ (3) ____________	可以围绕以上问题展开研究，也可以自主确立想研究的问题

任务实施

任务四　课中任务实施单

一、学习指南

1. 任务名称

熟悉电磁兼容常用指标计算

2. 达成目标

3. 学习方法建议

4. 熟悉电磁兼容常用指标

二、任务实施

任务实施	实施过程	学习建议
子任务3： 分组讨论 分工合作	我和同伴怎么分工：________________ 我们研究的问题是：________________ 小组名称：________________ 小组成员：________________ 实施步骤：________________（可附页） 预期研究成果展示形式：________________ ________________ ________________	（1）就你最感兴趣的问题，寻找同伴形成小组进行研究，可单人研究一个主题。 （2）关于小组合作，提出几点建议： ①合理分工，发挥长处。 ②互帮互助，团结协作。 ③虚心学习，取长补短。 （3）登录超星平台搜索“电磁兼容检测技术与应用”课程。 提醒：信息庞杂一定要注意筛选与整理
子任务4： 多种形式 记录成果	我们的成果是：________________ ________________ ________________	可以通过以下途径开展学习： （1）因特网； （2）图书馆； （3）参观博物馆； （4）访谈专家

任务四　课后评价总结单

一、评价

1. 学习成果

2. 自主评价

3. 学后反思

二、总结

<table>
<tr><th>项　目</th><th>学习过程</th><th>学习建议</th></tr>
<tr><td>展示交流
研究成果</td><td>我们展示的方式：______
资源包地址：______</td><td>作品呈现方式建议：
PPT、视频、图片、照片、文稿、手抄报、角色表演的录像等。
学习成果的分享方式：
(1)将学习成果上传超星平台；
(2)手机、电话、微信等交流</td></tr>
<tr><td>多方对话
自主评价</td><td>
<table>
<tr><th>项　目</th><th>优</th><th>良</th><th>中</th><th>及格</th><th>不及格</th></tr>
<tr><td>按时完成任务</td><td></td><td></td><td></td><td></td><td></td></tr>
<tr><td>搜索整理信息能力</td><td></td><td></td><td></td><td></td><td></td></tr>
<tr><td>小组协作意识</td><td></td><td></td><td></td><td></td><td></td></tr>
<tr><td>汇报展示能力</td><td></td><td></td><td></td><td></td><td></td></tr>
<tr><td>创新能力</td><td></td><td></td><td></td><td></td><td></td></tr>
</table>
</td><td>(1)评价自我学习成果，评价其他小组的学习成果；
(2)评价方式：
优：四颗星；
良：三颗星；
中：两颗星；
及格：一颗星</td></tr>
<tr><td>学后反思
拓展思考</td><td>总结学习成果：
(1)我收获的知识：______
(2)我提升的能力：______
(3)我需要努力的方面：______</td><td>总结过后，可以登录超星平台，挑战一下“拓展思考”，在讨论区发表自己的看法</td></tr>
</table>

巩固与提高

一、填空题

1. 媒体常提及的环境污染公害有水质、空气、噪声和电磁污染等，属于电磁兼容涉及内容的是________。

2. 电磁兼容的英文名称或简称是________。

3. 我国2000年正式启动中国电磁兼容认证制度，被包含在其后发布推行的3C认证内容中（3C标志）电子产品需要通过3C认证，3C认证是指________。

二、简答题

1. 电磁波干扰的途径有几种？分别是什么？

2. 电磁兼容认证机构有哪些？请说出它们的中英文名称。

3. 电快速脉冲是怎么产生的？雷击干扰如何产生？哪些线易引起传导干扰？工频磁场干扰有什么特点？

4. 电磁兼容标准分成哪几类？

5. 产品适用标准的选择原则依照什么样的顺序？

6. 产品标准选择的原则是什么？请用自己的话来回答。

7. 请查找资料，回答电磁辐射的近场和远场如何界定？

8. 一个Wi-Fi天线频率为2.5 GHz，请问它的远场从什么位置开始？

9. 用分贝做单位有什么好处？

项目二 电磁干扰测试（EMI）

知识目标

1. 了解电磁干扰测试的特点；
2. 熟悉 EMI 的分类及应用；
3. 熟悉电磁兼容测试场地的布置；
4. 熟悉开阔试验场、半电波暗室和全电波暗室。
5. 熟悉各种电磁兼容测试设备；
6. 熟悉传导测试和辐射测试的特点及应用。

技能目标

1. 能识别半电波暗室和全电波暗室；
2. 能区分 TEM 室和混响室；
3. 会使用电磁干扰测量接收机、频谱分析仪和人工电源网络；
4. 会传导电磁干扰测试的测试方法、步骤及结果判定；
5. 会辐射测试的测试方法、步骤及结果判定；
6. 会传导测试和辐射测试的各种法规要求。

素质目标

1. 培养爱岗敬业、团队协作的精神；
2. 培养提出问题、分析问题并解决问题的能力；
3. 培养获取新知识、新技能、新方法的能力；
4. 培养踏实严谨、吃苦耐劳、追求卓越的品质。

任务一 布置电磁兼容测试场地

相关知识

电磁兼容测试场地一般可分为四类：开阔试验场、半电波暗室、全电波暗室、TEM 传输室和混响室，在这四种测试场地中进行的辐射试验一般都可以认为符合电磁波在自由空间中的传播规律。

对实验环境要求不高的测试比如传导骚扰、静电测试、浪涌测试、雷击测试等都是通过电源线进行的，所以只需要在屏蔽室内进行就够了；而对于空间辐射、空间骚扰通过空间传播的骚扰或者是抗干扰则对空间有特殊要求，因此需要在暗室内进行，模拟空旷场地的空间。

电波暗室是在屏蔽室的基础上，在内壁铺设了吸波材料，模拟一个开阔试验场的效果，暗室比屏蔽室贵很多就是贵在暗室内贴的这些材料上面。里面的电磁波发射到内壁会被吸收，基本不会产生反射叠加的混波效应。适合测试样品的辐射发射干扰。暗室一般分半电波暗室和全电波暗室。

一、开阔试验场

CISPR（国际无线电干扰特别委员会）标准规定，辐射发射与接收测试应在开阔试验场（OATS）上进行。其实，电磁兼容的各个测试项目都要求有特定的测试场地，其中以辐射发射、辐射接收和辐射抗扰度对测试场地的要求最为严格。30 ~ 1 000 MHz 高频标准电场的发射与接收是以空间直射波与地面反射波在接收点相互叠加的理论为基础的，全部发射与接收试验均需在场地足够大、光滑、平坦、电导率均匀良好的开阔试验场上进行。因此，开阔试验场既是建立高频电场标准的必要条件，也是标准偶极子天线等得以准确接收的充分条件。没有场地的反射波，有关发射与接收的理论就不能成立；场地不理想，必然带来较大的误差。为此，研建了这个钢质开阔试验场，如图 2-1 所示。

图 2-1　钢质开阔试验场

迄今，在众多电磁兼容性标准中，对电子设备辐射干扰的测试及对开阔试验场地的校验，均在 3 m 法、10 m 法和 30 m 法情况下进行。

CISPR 16 规定了开阔试验场的构造特征。通常要求测试场地呈椭圆形，其长轴是焦距的两倍，短轴是焦距的 3 倍。发射与接收天线分别置于椭圆的两焦点上。一般认为，如果天线为偶极子天线，则短轴至少应比偶极子天线最大长度长一倍。

归一化场地衰减（NSA）是衡量开阔试验场能否作为合格场地进行 EMC 测试的关键指标，通常定义为

$$A_N = L/(F_R^2/F_T^2) \tag{2-1}$$

式中，A_N 为归一化场地衰减；F_R 为接收天线系数；F_T 为发射天线系数；L 为场地衰减，其定义由式（2-2）确定。

$$L = P_T / P_R \tag{2-2}$$

式中，P_T 为发射天线端口输入功率；P_R 为接收天线端口输出功率。

由式(2-1)、式(2-2)可见：场地衰减不仅与场地本身特性（材料、平坦性、结构、布置）和收发天线的几何位置（距离、高度）有关，还与收发天线本身的特性有关；而 NSA 只与场地特性和测试几何位置有关，与收发天线本身特性无关。

二、半电波暗室

开阔试验场是重要的电磁兼容测试场地。但由于开阔试验场造价较高并远离市区，使用不便；或者建在市区，背景噪声电平大而影响 EMC 测试，所以常用室内屏蔽室来替代。但是屏蔽室是一个金属封闭体，存在大量的谐振频率，一旦受试设备的辐射频率和激励方式促使屏蔽室产生谐振时，测量误差可达 20～30 dB，所以需要在屏蔽室的四周墙壁和顶部上安装吸波材料，使反射大大减弱，即电波传播时只有直达波和地面反射波，并且其结构尺寸也以开阔试验场的要求为依据，从而能模拟室外开阔试验场的测试，这就是电磁屏蔽吸波暗室，又简称 EMC 暗室，成了应用较普遍的 EMC 测试场地。美国 FCC、ANCIC、IEC、CISPR 及国军标 GJB 152A—1997、GJB 2926—1997 等标准容许用电磁屏蔽半电波暗室替代开阔试验场进行 EMC 测试。

EMC 暗室结构通常由 RF 屏蔽室、吸波材料、电源、天线、转台等几部分构成。由 RF 屏蔽室保证测试不受外界干扰，如图 2-2 所示；由吸波材料保证暗室的吸收特性；天线、转台保证被测物按标准要求的状态及条件进行测试；电源保证试验用电。RF 屏蔽门、通风波导窗、摄像机、照明灯、电源箱等辅助设备都应尽可能设计放在主反射区之外，避免任何金属部件暴露在主反射区。

图 2-2　RF 屏蔽室

暗室的地板是电磁波唯一的反射面。对地板的要求是：连续平整无凹凸。不能有超过最小工作波长 1/10 的缝隙，以保持地板的导电连续性。暗室内接地线和电源线要靠墙角布设，不要横越室内，电线还应穿金属管，并保持金属管与地板良好搭接。

为了避免电波反射影响测量误差，人和测试控制设备不应在测试场地内。所以，一般 EMC 暗室都由测试暗室和控制室构成。测试暗室内安放测试天线和受试设备，操作人员和测试控制仪器都在控制室内。

半电波暗室是一个经过屏蔽设计的六面盒体，在其内部覆盖有电磁波吸波材料，半电波暗室使用导电地板，不覆盖吸波材料。半电波暗室模拟理想的开阔试验场情况，即场地具有一个无限大的良好的导电地平面。在半电波暗室中，由于地面没有覆盖吸波材料，因此将产生反射路径，这样接收天线接收到的信号将是直射路径和反射路径信号的总和。常见的半电波暗室有 3 m 半电波暗室和 10 m 半电波暗室，如图 2-3、图 2-4 所示。

图 2-3　3 m 半电波暗室

图 2-4　10 m 半电波暗室

三、全电波暗室

全电波暗室和半电波暗室类似，是一个经过屏蔽设计的六面盒体，但是全电波暗室的地板也铺满了吸波材料，也就是说六个面都铺满了吸波材料，减小了外界电磁波信号对测试信号的干扰，同时电磁波吸波材料可以减小由于墙壁和天花板的反射对测试结果造成的多径效应影响，适用于发射、灵敏度和抗扰度实验，如图 2-5 所示。实际使用中，如果屏蔽体的屏蔽效能能够达到 80 ~ 140 dB，那么对于外界环境的干扰就可以忽略不计，在全电波暗室中可以模拟自由空间的情况。同其他两种测试场地相比，全电波暗室的地面、天花板和墙壁反射最小，受外界环境干扰最小，并且不受外界天气的影响。它的缺点在于受成本制约，测试空间有限。

电磁兼容的各个测试项目都要求有特定的测试场地，其中以辐射发射和辐射抗扰度测试对场地的要求最为严格。场地不理想，必然带来较大的测试误差。

图 2-5　全电波暗室

四、TEM 传输室和混响室

1. TEM 传输室

TEM 传输室又称横电磁波传输室，最初是美国空军用来进行生物电磁效应的一种装置，其优点是可以用较小的体积、较低的成本获得在开阔场地、远场条件下或无回波暗室技术所提供的试验条件。

它在电子设备的 EMC 测试中获得了广泛的应用，主要包括辐射发射测试、辐射敏感度测试、场强计量及生物效应实验。根据 TEM 传输室芯板的偏置与否，可将它分为对称 TEM 传输室和不对称 TEM 传输室。

TEM 传输室本质上是一种变形的同轴线，在它的一端接 50 Ω 宽带匹配负载，主段和过渡段都保持特性阻抗为 50 Ω，因而保证了传输室具有较小的驻波比（VSWR）。它同时还具有一系列的优点：结构封闭，不向外辐射电磁能量，因而不干扰其他仪器、设备的正常工作；也不会危害测试人员的健康；进行敏感度试验时，不受外界电平的干扰影响，场强范围大，且场值易于控制；成本低廉，操作方便。因而它被广泛地应用于辐射敏感度试验、电磁波生物效应测试、电磁反射试验等领域。从另一端馈入电磁能量，当使用频率低于其使用上限频率时，传输室内就能建立比较均匀的横电磁波。这种电磁波的电场和磁场强度不但有着固定的比例关系，而且与馈入的射频功率或端电压也有固定的关系，容易实现计算和控制。

由于其结构，使得它在高频时容易产生谐振现象，而且传输室的尺寸越大，谐振频率越低，存在着受试设备尺寸与最高试验频率之间的矛盾。

为了抑制谐振，提高传输室的使用频率，可在传输室内部贴上吸波材料，但即使这样也不能对上限频率有太大的提高，反而会增加传输室的插入损耗。TEM 传输室如图 2-6 所示。

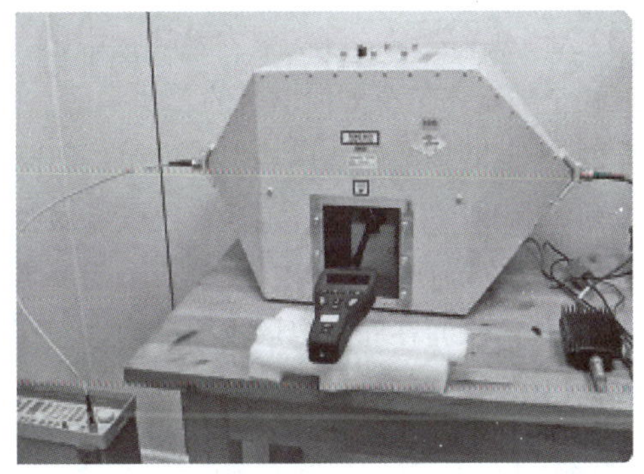

图 2-6　TEM 传输室

2. 混响室

混响室一词在声学领域和电磁学领域都有应用，其实，电磁学领域混响室一词是源于声学领域的。在这里，为了区分二者，将声学领域的混响室称为声学混响室，将电磁学领域的混响室称为电波混响室。声学混响室是一个能在所有边界上全部反射声能，并在其中充分扩散，使形成各处能量密度均匀、在各传播方向作无规律分布的扩散场的实验室。电波混响室是一个由大尺寸且具有高导电反射墙面构成的屏蔽腔室，腔室中通常安装一个或几个机械式搅拌器或调谐器，通过搅拌器的转动改变腔室的边界条件，进而在腔室内形成统计均匀、各向同性和随机极化的电磁环境，如图 2-7 所示。

图 2-7　混响室

在电磁兼容性测试技术中引入混响室测试平台的初衷主要是混响室可以利用较小的功率输入获得强辐射场。

由于电波混响室提供的电磁环境具有以下特性：空间均匀，室内能量密度各处一致；各向同性，在所有方向的能量流是相同的；随机极化，所有的波之间的相角以及它们的极化是随机的。所以，混响室可用于多种涉及辐射场的测量，其中包括：

（1）辐射抗扰度和辐射发射测量。在混响室内，尤其是对于大型的受试设备，可形成各向同性、均匀的场，因而特别适合进行辐射抗扰度测量。

（2）屏蔽效能测量。对屏蔽衬垫、屏蔽材料的屏蔽效能测量是在大的混响室内设置另外一个较小的屏蔽壳体，并在此壳体内对由屏蔽材料泄漏进入的场也进行模搅拌，并分别接收混响室中及屏蔽壳体内电磁场的功率，从而测得屏蔽效能。

（3）天线效率测量。在天线参数测量中，天线效率的测量是比较困难的。这主要是由于测量一副天线在全部立体角范围内辐射的总功率是十分困难的。因为任何一副实用的天线都不可能是完全全向的，不同立体角的辐射功率密度也是不同的。但这些困难在混响室测量中不复存在。

目前，应用最多、标准认可、运行比较可靠的电波混响室是机械搅拌式混响室，又称模式搅拌式混响室。它是在高反射腔体内，安装一个或多个机械式搅拌器，通过搅拌器的连续或者步进式转动改变边界条件，从而在腔室内形成统计均匀、各向同性、随机极化的场。此外，在混响室的研究中，不少学者提出了其他一些也能实现电磁混响的设计方案，例如：摆动墙式混响室、漫射体式混响室、波纹墙式混响室、源搅拌混响室、频率搅拌混响室、不对称结构混响室。

任务决策

任务一　课前任务决策单

一、学习指南

1. 任务名称

布置电磁兼容测试场地

2. 达成目标

3. 学习方法建议

4. 课前预习心得

二、学习任务

学习任务	学习过程	学习建议
子任务1：明确任务	明确学习任务，查找资料，填写课前任务决策单	阅读相关知识，查看资料，独立思考。初步感知，为下一步的学习和思考奠定基础
子任务2：课前预习	课前预习疑问： （1）________ （2）________ （3）________	可以围绕以上问题展开研究，也可以自主确立想研究的问题

任务实施

任务一　课中任务实施单

一、学习指南

1. 任务名称

布置电磁兼容测试场地

2. 达成目标

3. 学习方法建议

4. 场地布置注意事项

二、任务实施

任务实施	实施过程	学习建议
子任务3： 分组讨论 分工合作	(1)半电波暗室场地布置。包括天线、控制塔、转台、温湿度。 (2)全电波暗室场地布置。包括天线、控制塔、转台、温湿度	(1)就你最感兴趣的问题，寻找同伴形成小组进行研究，可单人研究一个主题。 (2)关于小组合作，提出几点建议： ①合理分工，发挥长处。 ②互帮互助，团结协作。 ③虚心学习，取长补短。 (3)登录超星平台搜索“电磁兼容检测技术与应用”课程。 提醒：信息庞杂一定要注意筛选与整理
子任务4： 多种形式 记录成果	(1)半电波暗室场地布置图片展示。包括天线、控制塔、转台。 (2)全电波暗室场地布置图片展示。包括天线、控制塔、转台。 (3)学习通成果记录及汇报	登录学习通课程网站，完成拓展任务：开阔试验场布置

任务一　课后评价总结单

一、评价

1. 学习成果

2. 自主评价

3. 学后反思

二、总结

<table>
<tr><th>项　目</th><th>学习过程</th><th>学习建议</th></tr>
<tr><td>展示交流
研究成果</td><td>(1)半电波暗室展示的方式:______
(2)全电波暗室展示的方式:______</td><td>作品呈现方式建议:
PPT、视频、图片、照片、文稿、手抄报、角色表演的录像等。
学习成果的分享方式:
(1)将学习成果上传超星平台;
(2)手机、电话、微信等交流</td></tr>
<tr><td>多方对话
自主评价</td><td><table>
<tr><th>项　目</th><th>优</th><th>良</th><th>中</th><th>及格</th><th>不及格</th></tr>
<tr><td>按时完成任务</td><td></td><td></td><td></td><td></td><td></td></tr>
<tr><td>搜索整理
信息能力</td><td></td><td></td><td></td><td></td><td></td></tr>
<tr><td>小组协作意识</td><td></td><td></td><td></td><td></td><td></td></tr>
<tr><td>汇报展示能力</td><td></td><td></td><td></td><td></td><td></td></tr>
<tr><td>创新能力</td><td></td><td></td><td></td><td></td><td></td></tr>
</table></td><td>(1)评价自我学习成果,评价其他小组的学习成果;
(2)评价方式:
优:四颗星;
良:三颗星;
中:两颗星;
及格:一颗星</td></tr>
<tr><td>学后反思
拓展思考</td><td>总结学习成果:
(1)我收获的知识:______
(2)我提升的能力:______
(3)我需要努力的方面:______</td><td>总结过后,可以登录超星平台,挑战一下"拓展思考",在讨论区发表自己的看法</td></tr>
</table>

任务二 架设电磁兼容测试设备

相关知识

电磁兼容测试设备是一种分析仪器，分析受试设备或系统在其电磁环境中能正常工作，且不对环境中任何事物构成不能承受的电磁骚扰能力。

电磁兼容测试主要是为了确认设备在正常运行过程中对所在环境产生的电磁干扰不能超过一定的限值，并且设备对所在环境中存在的电磁干扰具有一定程度的抗扰度。

一、电磁干扰测量接收机

电磁干扰测量接收机是进行电磁兼容测试的基本测量仪器。它与各种传感器、天线和其他测量设备组合，可以测量干扰电压、干扰电流、干扰功率和干扰场强。同时，也可以对无线电业务的信号电平和信号场强进行测量。

1. 电磁干扰测量接收机原理框图和特点

电磁干扰测量接收机，它实质上是一台具有特殊性能的超外差接收机。其原理框图如图2-8所示。

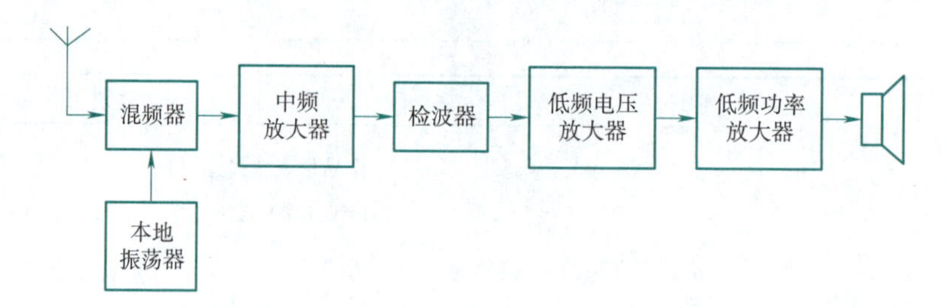

图2-8 电磁干扰测量接收机原理框图

从原理框图上看，电磁干扰测量接收机与普通超外差接收机非常相像，但是由于两者用途不同，因此在内部电路的设计上便造成很大差异，它与普通超外差接收机比较有如下特点：

(1)带有校准信号发生器，这是一般测量接收机的共同特点，目的是通过对比确定被测信号强度。不同的是，电磁干扰测量接收机的校准信号是一种具有特殊形状的窄脉冲，能保证在其工作频段内有均匀的频谱密度。

(2)无自动增益控制功能，通过使用固定宽度的衰减器来调整量程。

(3)为了测量方便，除标准带宽外，往往还备有几种带宽供选择，以便扩大使用范围或用于判别信号特性。

(4)为了适应不同对象的测量，国际无线电干扰特别委员会规定有四种基本检波方式：平均值检波(主要用于连续波测量)、准峰值检波、峰值检波与均方根值检波。

(5)电磁干扰测量接收机除了音响及表针指示外，还规定在检波器前后都应有输出接口。中频输出用于信号分析，直流输出用于记录及统计。

(6)机箱具有完善的屏蔽性能。

2. 电磁干扰测量接收机主要技术指标

电磁干扰测量接收机如图 2-9 所示，其主要技术指标如下：

（1）输入阻抗：额定输入阻抗为 50 Ω，在 A 频段（10～150 kHz）当要求进行平衡测量时，平衡输入阻抗为 600 Ω；当射频衰减为 0 dB 时，驻波比≤2.0；当射频衰减大于 10 dB 时，驻波比≤1.2。

（2）正弦波电压测量精度：≤ ±2.0 dB。

（3）中放标称带宽允许差：20%。

（4）中频抑制比：≥40 dB，在采用多中频时，每个中频都应满足这个要求。国外产品典型值为 40～60 dB。

（5）镜像频率抑制比和其他乱真响应：≥40 dB。国外产品典型值为 80～100 dB。

（6）本机噪声引入误差：≤1 dB。

图 2-9　电磁干扰测量接收机

二、频谱分析仪

频谱分析仪是研究电信号频谱结构的仪器，用于信号失真度、调制度、谱纯度、频率稳定度和交调失真等信号参数的测量，可用于测量放大器和滤波器等电路系统的某些参数，是一种多用途的电子测量仪器。它又可称为频域示波器、跟踪示波器、分析示波器、谐波分析器、频率特性分析仪或傅里叶分析仪等。现代频谱分析仪能以模拟方式或数字方式显示分析结果，能分析 1 Hz 以下的甚低频到亚毫米波段的全部无线电频段的电信号。仪器内部若采用数字电路和微处理器，具有存储和运算功能；配置标准接口，就容易构成自动测试系统。

1. 频谱分析仪的主要功能

频谱分析仪的主要功能是在频域里显示输入信号的频谱特性。频谱分析仪依信号处理方式的不同，一般有两种类型，即时频谱分析仪（real-time spectrum analyzer）与扫描调谐频谱分析仪（sweep-tuned spectrum analyzer）。时频谱分析仪的功能为在同一瞬间显示频域的信号振幅，其工作原理是针对不同的频率信号而有相对应的滤波器与探测器（detector），再经由同步的多工扫描器将信号传送到 CRT 或液晶等显示仪器上进行显示，其优点是能显示周期性杂散波（periodic random wave）的瞬间反应，其缺点是价格昂贵且性能受限于频宽范围、滤波器的数目与最大的多工交换时间（switching time)。最常用的频谱分析仪是扫描调谐频谱分析仪,其基本结构类似超外差接收机,工作原理是输入信号经衰减器直接外加到混波器,可调变的本地振荡器经与 CRT 同步扫描产生器产生随时间线性变化的振荡频率,经混波器与输入信号混波降频后的中频信号(IF)再放大,滤波与检波传送到 CRT 的垂直方向板,因此在 CRT 的纵轴显示信号振幅与频率的对应关系。较低的 RBW 有助于不同频率信号的分辨与测量,低的 RBW 将滤除较高频率的信号成分,导致信号显示时产生失真,失真值与设定的 RBW 密切相关;较高的 RBW 有助于宽频带信号的检测,将增加噪声底层值,降低测量灵敏度,对于检测低强度的信号易产生阻碍,因此适当的 RBW 宽度是正确使用频谱分析仪的关键。

2. 频谱分析仪的分类

频谱分析仪分为实时式和扫频式两类。前者能在被测信号发生的实际时间内取得所需要的全部频谱信息并进行分析和显示分析结果;后者需通过多次采样过程来完成重复信息分析。实时式频谱分析仪主要用于非重复性、持续期很短的信号分析。非实时式频谱分析仪主要用于从声频直到亚毫米波段的某一段连续射频信号和周期信号的分析。

实时式频谱分析仪是在被测信号的有限时间内提取信号的全部频谱信息进行分析并显示其结果的仪器,主要用于分析持续时间很短的非重复性平稳随机过程和暂态过程,也能分析 40 MHz 以下的低频和极低频连续信号,能显示幅度和相位。傅里叶分析仪是实时式频谱分析仪,其基本工作原理是把被分析的模拟信号经模/数转换电路变换成数字信号后,加到数字滤波器进行傅里叶分析;由中央处理器控制的正交型数字本地振荡器产生按正弦律变化和按余弦律变化的数字本振信号,也加到数字滤波器与被测信号进行傅里叶分析。正交型数字式本振是扫频振荡器,当其频率与被测信号中的频率相同时就有输出,经积分处理后得出分析结果供示波管显示频谱图形。正交型本振用正弦和余弦信号得到的分析结果是复数,可以换算成幅度和相位。分析结果也可送到打印绘图仪或通过标准接口与计算机相连。

扫频式频谱分析仪是具有显示装置的扫频超外差接收机,主要用于连续信号和周期信号的频谱分析。它工作于声频直至亚毫米的波频段,只显示信号的幅度而不显示信号的相位。它的工作原理是:本地振荡器采用扫频振荡器,它的输出信号与被测信号中的各个频率分量在混频器内依次进行差频变换,所产生的中频信号通过窄带滤波器后再经放大和检波,加到视频放大器作为示波管的垂直偏转信号,使屏幕上的垂直显示正比于各频率分量的幅值。本地振荡器的扫频由锯齿波扫描发生器所产生的锯齿波电压控制,锯齿波电压同时还用作示波管的水平扫描,从而使屏幕上的水平显示正比于频率。

3. 频谱分析仪的主要技术指标

频谱分析仪如图 2-10 所示,其主要技术指标有频率范围、分辨力、分析谱宽、分析时间、扫频速度、灵敏度、显示方式。

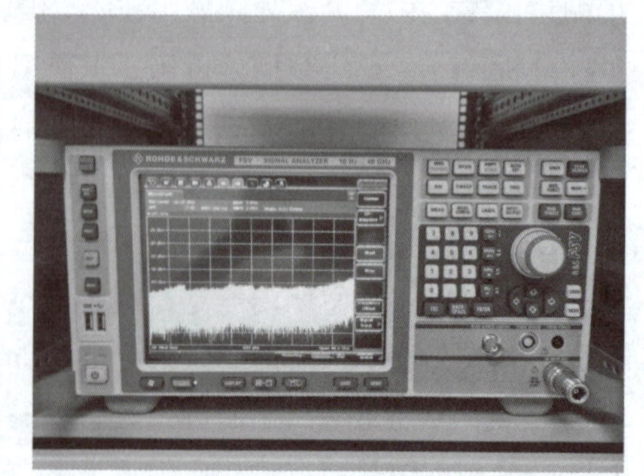

图 2-10 频谱分析仪

(1)频率范围:频谱分析仪进行正常工作的频率区间。现代频谱分析仪的频率范围能从低于 1 Hz 至 300 GHz。

(2)分辨力:频谱分析仪在显示器上能够区分最邻近的两条谱线之间频率间隔的能力,是频谱分析仪最重要的技术指标。分辨力与滤波器类型、波形因数、带宽、本振稳定度、剩余调频和边带噪声等因素有关。扫频式频谱分析仪的分辨力还与扫描速度有关。分辨带宽越窄越好。现代频谱分析仪在高频段分辨力为10～100 Hz。

（3）分析谱宽：又称频率跨度，是频谱分析仪在一次测量分析中能显示的频率范围，可等于或小于仪器的频率范围，通常是可调的。

（4）分析时间：完成一次频谱分析所需的时间，它与分析谱宽和分辨力有密切关系。对于实时式频谱分析仪，分析时间不能小于其最窄分辨带宽的倒数。

（5）扫频速度：分析谱宽与分析时间之比，也就是扫频的本振频率变化速率。

（6）灵敏度：频谱分析仪显示微弱信号的能力，受频谱分析仪内部噪声的限制，通常要求灵敏度越高越好。

（7）显示方式：频谱分析仪显示的幅度与输入信号幅度之间的关系。通常有线性显示、平方律显示和对数显示三种方式。

三、天线

电子、电气设备工作时会产生一种伴随电磁辐射，这种辐射并不是设备为了完成预定的功能而必须发射的。伴随电磁辐射是一类主要的干扰源，所有的电子设备都必须尽量消除这种辐射。为了消除这种辐射骚扰，需要了解电磁波辐射的条件。

电磁波辐射有两个必要的条件，那就是天线和流过天线的交变电流。在实际的设备中存在着许多寄生天线，这就是电气、电子设备在工作时产生伴随电磁辐射的原因。避免产生寄生天线，也是电磁兼容设计的目的之一。分析和解决电磁兼容问题的其中一项主要内容就是发现和去除一些寄生的天线结构。如果不能彻底去除寄生天线结构，也应该避免交变电流进入天线，降低它们的辐射效率。为了达到目的，首先需要认识一下天线的结构，也就是说，什么样的结构能起到天线的作用。

电偶极和电流环是两个基本的天线结构，单极天线形式是只有一根金属导体，另一根金属导体由大地或附近的其他大型金属物体充当，它是电偶极天线的一种变形。单极天线的辐射效率要低一些，但是辐射特性与偶极天线的基本相同。电流环天线在电路中随处可见，因为任何一个电路回路都可以构成一个辐射天线。控制电流回路的面积是减小电流环路辐射的有效方法。

其实之所以存在天线，实际上就是两个导体之间存在电压。单极天线就是导体和大地之间存在电压。只要去除两个导体之间的电压，或者去除导体与大地之间的电压，就能够减小辐射。屏蔽结构设计和搭接设计应该以此为依据。

电流环通常是由电路的工作回路形成的，很容易识别。偶极和单极天线就不那么容易被发现了，因为驱动这种天线的电压并不是电路的工作电压，而是一些无意产生的电压。

电子产品中常见的寄生偶极天线和单极天线有线路板上的地线、线路板上的外拖电缆、数字地与模拟地分开的线路板、线路板与机箱连接的导线、金属机箱上的孔缝、电路板上较长的悬空走线、没有接地的散热片等。在电磁兼容设计时，要尽量消除这些结构或控制它们的辐射。因为当系统的地线设计不合理时，电路的地线因为外界电磁场会在金属部件上感应出电流，当系统的地线设计不合理时，电路的地线电流也会流过金属部件，电流流过阻抗较大的部位时会产生电压，因此金属部件很容易成为偶极天线或单极天线。

1. 天线的定义

天线就是能够有效地向空间某特定方向辐射电磁波或能够有效地接收空间某特定方向来的电磁波的装置。

2. 天线的功能

(1)能量的转换:导航波和自由空间波的转换。

(2)定向辐射或接收:具有一定的方向性。

(3)极化:天线发射或接收的是规定极化的电磁波。

(4)具有有效的频带宽度:任何天线都有一定的工作频带。

3. 天线的分类

(1)按工作性质可分为发射天线、接收天线和收发共用天线。

(2)按用途可分为通信天线、广播天线、电视天线、雷达天线、导航天线、测向天线等。

(3)按天线特性分类:

①从方向性分为强方向性天线、弱方向性天线、定向天线、全向天线、针状波束天线、扇形波束天线等。

②从极化特性分为线极化天线、圆极化天线和椭圆极化天线。线极化天线又分为垂直极化天线和水平极化天线。

③从频带特性分为窄频带天线、宽频带天线和超宽频带天线。

(4)按天线上电流分布可分为行波天线、驻波天线。

(5)按使用波段可分为长波天线、超长波天线、中波天线、短波天线、超短波天线和微波天线。

(6)按载体可分为车载天线、机载天线、星载天线、弹载天线等。

(7)按天线外形可分为鞭状天线、T 形天线、Γ 形天线、V 形天线、菱形天线、环天线、螺旋天线、波导口天线、波导缝隙天线、喇叭天线、反射面天线等。

4. 天线的主要技术参数

(1)方向图。天线方向图是天线辐射特性与空间坐标之间的函数图形,如图 2-11 所示。因此,分析天线的方向图就可分析天线的辐射特性,即天线在空间各个方向上所具有的发射(或接收)电磁波的能力。

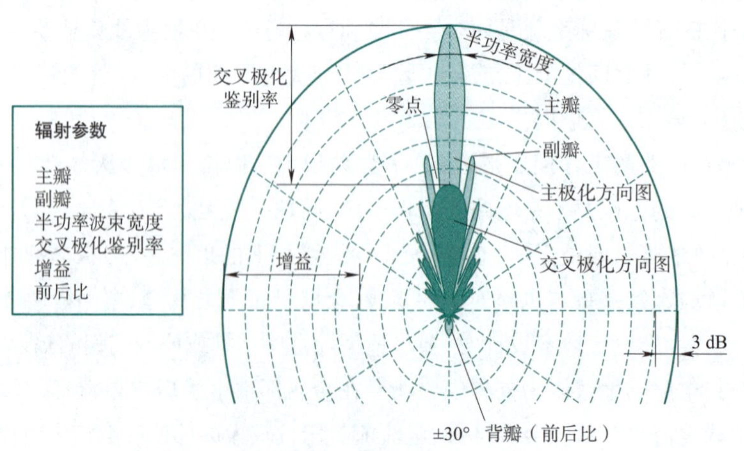

图 2-11 天线辐射参数

如果把天线在各方向辐射的强度用从原点出发的矢量来表示，则连接全部矢量端点所形成的曲面就是天线的方向图，天线旁瓣抑制如图 2-12 所示。

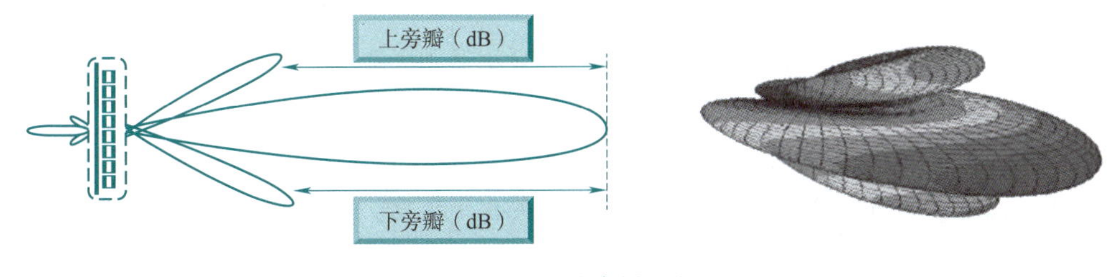

图 2-12　天线旁瓣抑制

大多情况下，天线方向图是在远场区确定的，所以又称远场方向图。辐射特性包括辐射场强、辐射功率、相位和极化。因此，天线方向图又分为场强方向图、功率方向图、相位方向图和极化方向图。常用的是场强和功率方向图，相位和极化方向图在特殊应用中采用。例如，在天线近场测量中，既要测量场强方向图，也要测量其相位方向图。天线的辐射特性可采用三维和二维方向图来描述。三维方向图可分为球坐标三维方向图和直角坐标三维方向图；二维方向图是由其三维方向图取某个剖面而得到的，又分为极坐标方向图和直角坐标方向图。

（2）天线极化。天线的极化是以电磁波的极化来确定的。电磁波的极化方向通常是以其电场矢量的空间指向来描述的，即在空间某位置上，沿电磁波的传播方向看去，其电场矢量在空间的取向随时间变化所描绘出的轨迹，如图 2-13 所示。如果这个轨迹是一条直线，则称为线极化；如果是一个圆，则称为圆极化；如果是一个椭圆，则称为椭圆极化。

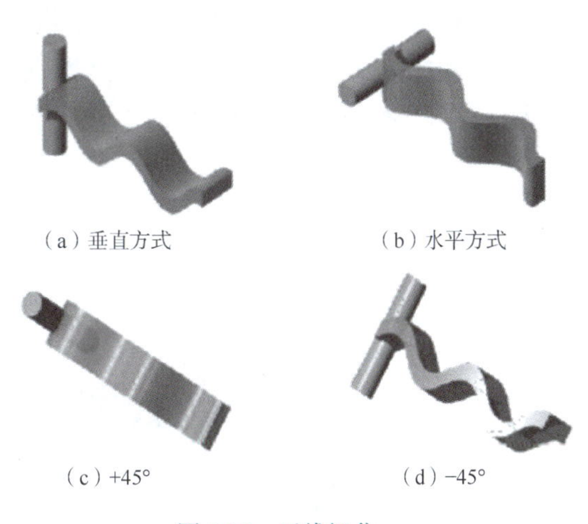

（a）垂直方式　（b）水平方式　（c）+45°　（d）−45°

图 2-13　天线极化

采用极化特性来划分电磁波，就有线极化波、圆极化波和椭圆极化波。线极化和圆极化是椭圆极化的两种特殊情况。圆极化和椭圆极化波的电场矢量的取向是随时间旋转的。沿着电磁波传播方向看去，其旋向有顺时针方向和逆时针方向之分。电场矢量为顺时针方向旋转的称为右旋极化，逆时针方向旋转的称为左旋极化。

天线极化的定义：在最大增益方向上，作发射时其辐射电磁波的极化，或作接收时，能使天线终端得到最大可用功率方向的入射电磁波的极化。最大增益方向就是天线方向图最大值方向，或最大指向方向。

根据极化形式的不同，天线可分为线极化天线和圆极化天线。在一般的通信和雷达中，多采用线极化天线。在电子对抗和侦察设备中或通信设备处于剧烈摆动和高速旋转的飞行器上等应用中则可采用圆极化天线。椭圆极化可以分解为两个幅度不同、旋向相反的圆极化波，或分解为两个幅度和相位均不相同的正交线极化波。通常不采用椭圆极化天线，只有在圆极化天线设计不完善时才出现椭圆极化天线。

天线的极化在各个方向并非保持恒定，所以天线的极化在其最大指向方向定义才有意义。如对线极化天线来说，其辐射电场矢量的取向是随方向角的不同而不同的；对圆极化天线来说，其最大指向方向上可以设计得使其为圆极化，但在其他方向一般为椭圆极化，当远离最大指向方向时甚至可能退化为线极化。

常见的线极化天线有八木天线、角锥喇叭天线和对称振子天线，而平面阿基米德螺旋天线、等角螺旋天线和轴向模圆柱螺旋天线等则是典型的圆极化天线。

若以地面为参考面，线极化又分为垂直极化和水平极化。在其最大辐射方向上，电磁波的电场矢量垂直于地面时，称为垂直极化；平行于地面时，称为水平极化。相应的天线称之为垂直极化天线和水平极化天线。水平极化波传播时贴近地面，会在大地表面形成极化电流，极化电流受大地阻抗的影响，产生热能，使电信号迅速衰落，覆盖距离变短。垂直极化波覆盖距离更远。

只有在收发天线的极化匹配时，才能获得最大的功率传输，否则会出现极化损失。所谓收发天线的极化匹配是指在最大指向方向对准的情况下，收发天线的极化一致。极化损失系数用 K 来表示，是指接收天线的极化与来波极化不完全匹配时，接收功率损失的多少。它可定义为：接收到的功率与入射到接收天线上的功率之比。

由于结构等方面的原因，天线可能辐射或接收不需要的极化分量。例如，辐射或接收水平极化波的天线，也可能辐射或接收不需要的垂直极化波。这种不需要辐射或接收的极化波称为交叉极化。对线极化天线来说，交叉极化与预定的极化方向垂直；对纯圆极化天线来说，交叉极化与预定圆极化旋向相反；对椭圆极化天线来说，交叉极化与预定椭圆极化的轴比相同，长短轴相互正交，旋向相反。交叉极化又称正交极化，如图 2-14 所示。

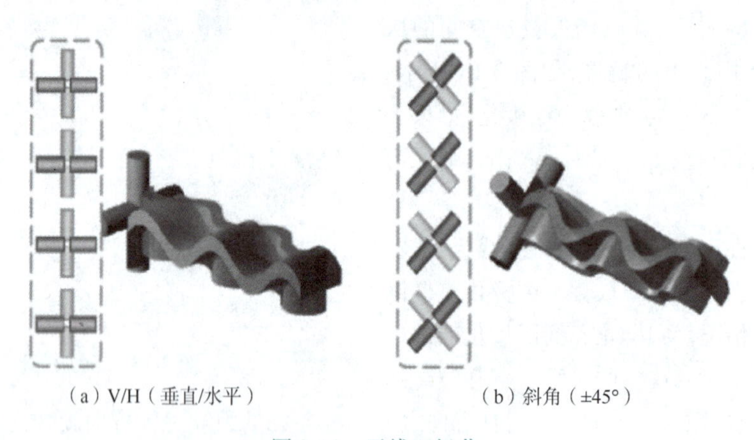

（a）V/H（垂直/水平）　　（b）斜角（±45°）

图 2-14　天线双极化

（3）其他技术指标：

①波束宽度：波束两个半功率点之间的夹角，如图 2-15 所示。与天线增益有关，一般天线增益越大，波束就越窄，探测角分辨率就越高。

②前后比：指扇形天线（定向天线）的前向功率和后向功率之比，如图 2-16 所示。

四、人工电源网络

人工电源网络又称电源阻抗稳定网络，是重要的电磁兼容测试设备，主要用于测量被测开关电源沿电源线向电网发射的连续骚扰电压。人工电源网络在射频范围内向被测开关电源提供一个稳定的阻抗，并将被测开关电源与电网上的高频干扰隔离开，然后将干扰电压耦合到接收机上。

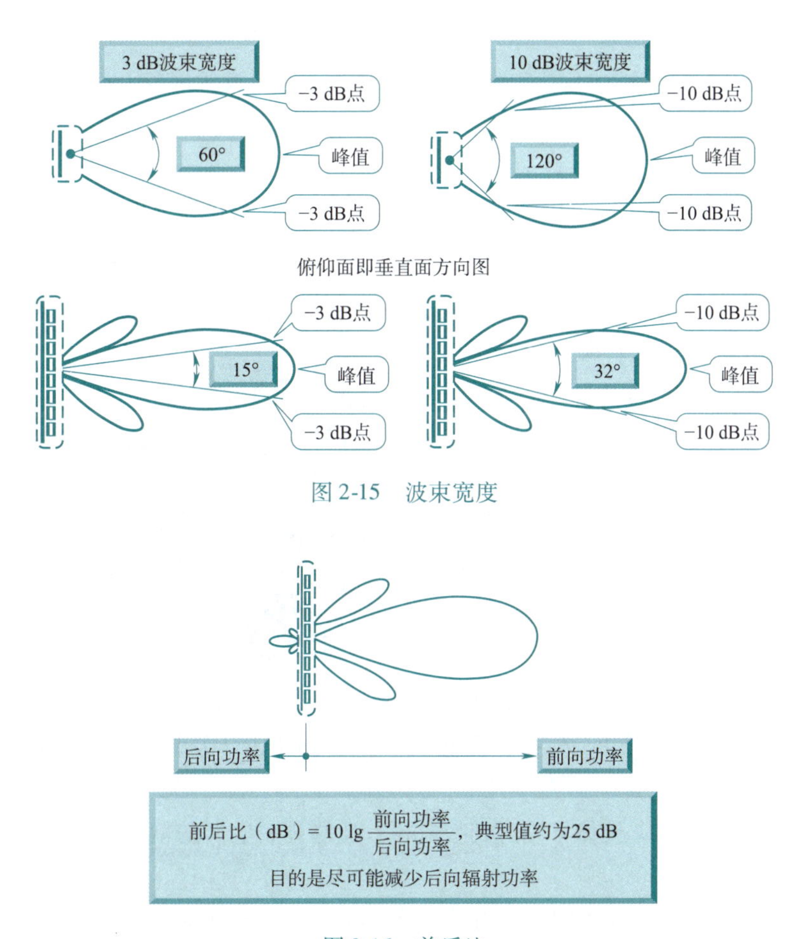

图 2-15　波束宽度

图 2-16　前后比

用人工电源网络的目的是将该网络接入接收机电源插头与供电电源之间，使接收机电源两端之间，有一特定的高频阻抗，同时隔离供电电源，以便使用非平衡输入干扰测量仪测量对称干扰电压和非对称干扰电压。

1. 工作原理

(1)滤波器由电感器和电容器构成，其作用是防止射频干扰信号从供电电源传导到受试设备，同时，也防止受试设备的干扰信号进入供电电源，从而起到隔离作用。

(2)隔离电容器用来隔离电源电压而防止其加到测量端。对不同的干扰频率选用不同的电容器，从而使射频干扰信号能耦合到信号端。

(3)控制器通过按钮开关来实现操作，在测量过程中，通过开关来实施控制。其中，“线选择”开关控制“地线”和“线间”，在测量时根据测量需要进行选择。另一组开关控制频率范围及衰减器，测量时根据不同的干扰频率选择频率范围按钮。在测量前，先按下衰减器按钮，当测量干扰信号时，一般情况下不应使用衰减器，仅在干扰信号过大，超过干扰场强测量仪量程时方可使用20 dB 衰减器。

(4)20 dB 衰减器由 π 形网络组成，其特性阻抗为 50 Ω，在测量干扰信号时，该衰减器对测试仪器设备提供安全保护电路，以防止由于干扰脉冲过大而烧坏设备。因此，测试前必须先把衰减器按钮按下，当干扰信号在干扰场强测量仪上有足够读数时，断开衰减器使信号直通，这样可去掉衰减器引入的误差，从而提高测量精度。

(5)模拟手为重现使用者手的效应，对不接地的手持式电器设备进行干扰测量时要接入模拟手进行测量。

2. 分类

人工电源网络根据测量目的不同，分为两种基本类型：用于测量不对称电压的V形和对称电压△形。针对不同频段、不同负载情况和电网情况，实际的人工电源网络电路形式和种类很多。

3. 功能

人工电源网络是测量受试设备对电源线路产生的传导干扰电压的辅助设备，如图2-17所示。它的主要作用有以下几方面：

图2-17　人工电源网络

(1)为50 Hz市电提供通路。由于靠电网这一侧的电感非常小，不足以在市电频率下形成大的阻抗，因此市电可畅行无阻地为试品提供电能，同时电网侧的电容还能进一步衰减来自电网的干扰信号。

(2)隔离开关电源产生的射频电磁骚扰或来自电网的噪声干扰。利用网络电感在射频下的高阻抗，可阻止由开关电源产生的射频骚扰信号进入电网。

(3)将待测产品产生的共模信号耦合到接收机。通过开关电源的耦合电容转接开关电源产生的射频骚扰信号进入接收机。

(4)提供模拟电网的稳定匹配阻抗。由于各个电网的阻抗不同，使得开关电源骚扰电压的值也各不相同。为此，规定了一个统一的阻抗，以便于测试结果的相互比较。

4. 网络特性

人工电源网络的网络特性如图2-18所示。人工电源网络作用：一是在射频范围内在受试设备端子与参考地之间提供稳定阻抗；二是隔离来自电网的干扰；三是将EUT受试设备的干扰信号耦合到测量接收机。

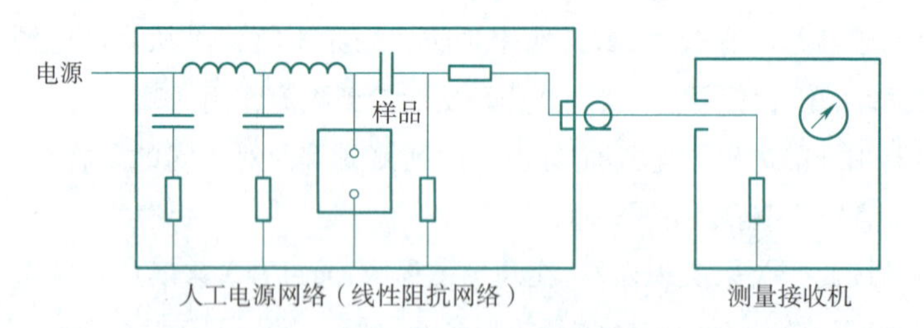

图2-18　人工电源网络的网络特性

任务决策

任务二　课前任务决策单

一、学习指南

1. 任务名称

架设电磁兼容测试设备

2. 达成目标

3. 学习方法建议

4. 课前预习心得

二、学习任务

学习任务	学习过程	学习建议
子任务1： 明确任务	明确学习任务，查找资料，填写课前任务决策单	阅读相关知识，查看资料，独立思考。初步感知，为下一步的学习和思考奠定基础
子任务2： 课前预习	课前预习疑问： （1）________ （2）________ （3）________	可以围绕以上问题展开研究，也可以自主确立想研究的问题

任务实施

任务二　课中任务实施单

一、任务实施

1. 任务名称

架设电磁兼容测试设备

2. 达成目标

3. 学习方法建议

4. 仪器设备架设注意事项

二、任务实施

任务实施	实施过程	学习建议
子任务3： 分组讨论 分工合作	(1)信号分析仪的架设。 (2)人工电源网络的架设。 (3)EMI测试接收器的架设。 (4)无线频带射频通信测试仪的架设	(1)就你最感兴趣的问题，寻找同伴形成小组进行研究，可单人研究一个主题。 (2)关于小组合作，提出几点建议： ①合理分工，发挥长处。 ②互帮互助，团结协作。 ③虚心学习，取长补短。 (3)登录超星平台搜索"电磁兼容检测技术与应用"课程。 提醒：信息庞杂一定要注意筛选与整理
子任务4： 多种形式 记录成果	(1)仪器设备图片展示。包括信号分析仪、人工电源网络 (2)仪器设备布线细节图片展示。包括测试接收器、射频通信测试仪 (3)学习通成果记录及汇报	登录学习通课程网站，完成拓展任务：测试天线的架设

任务二　课后评价总结单

一、评价
1. 学习成果
2. 自主评价
3. 学后反思
二、总结

项　　目	学习过程	学习建议
展示交流 研究成果	(1)仪器设备展示的方式:__________ (2)仪器设备布线展示的方式:__________	作品呈现方式建议: PPT、视频、图片、照片、文稿、手抄报、角色表演的录像等。 学习成果的分享方式: (1)将学习成果上传超星平台; (2)手机、电话、微信等交流
多方对话 自主评价	<table><tr><td>项　　目</td><td>优</td><td>良</td><td>中</td><td>及格</td><td>不及格</td></tr><tr><td>按时完成任务</td><td></td><td></td><td></td><td></td><td></td></tr><tr><td>搜索整理信息能力</td><td></td><td></td><td></td><td></td><td></td></tr><tr><td>小组协作意识</td><td></td><td></td><td></td><td></td><td></td></tr><tr><td>汇报展示能力</td><td></td><td></td><td></td><td></td><td></td></tr><tr><td>创新能力</td><td></td><td></td><td></td><td></td><td></td></tr></table>	(1)评价自我学习成果,评价其他小组的学习成果; (2)评价方式: 优:四颗星; 良:三颗星; 中:两颗星; 及格:一颗星
学后反思 拓展思考	总结学习成果: (1)我收获的知识:__________ (2)我提升的能力:__________ (3)我需要努力的方面:__________	总结过后,可以登录超星平台,挑战一下“拓展思考”,在讨论区发表自己的看法

任务三 传导电磁干扰测试(CE)

相关知识

一、场地布置及环境设置

传导电磁干扰测试包括测量由任何连接在一起的线缆(包括电源线、信号线或者数据线)带来的射频干扰。大多数制定的电磁测量标准都主要关注测量市电交流电源线。因为电源线缆上过多的非供电能量会导致该相同电网下设备间的相互影响,尤其是对于调幅无线电信号或者是其他广播频段的影响尤为严重。

传导电磁干扰测试需要一台频谱分析仪,两块接地使用的接合金属板,一个线路阻抗稳定网络(LISN),LISN 为待测设备(DUT)提供电源,并且把待测设备射频信号通过电源线或信号线向外发射的干扰提取到频谱分析仪来测量。一般会加上瞬态保护以及衰减来减少待测大信号可能对频谱分析仪的损坏。

1. 场地布置

传导电磁干扰测试场地布置一般分为两种,台式布置和落地式布置,如图 2-19 所示,传导电磁干扰测试系统架设如图 2-20 所示。

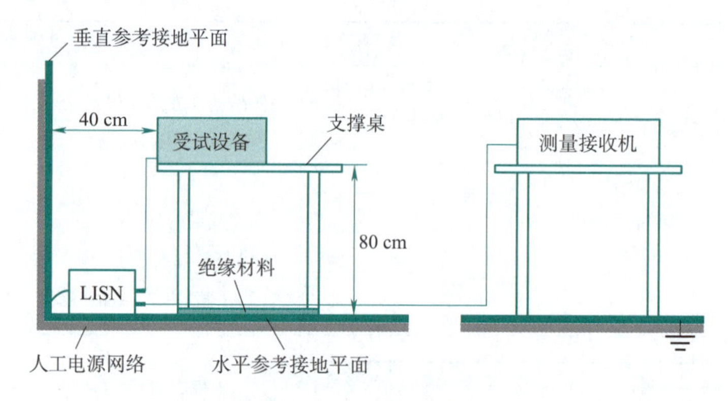

图 2-19 传导电磁干扰测试场地布置

1)台式布置

受试设备(EUT)与辅助设备应放置在非导电桌面上,该桌面距离水平接地参考平面 0.8 m,而辅助设备距离 EUT 至少 10 cm。同时,台式设备应与 LISN 保持 80 cm 的距离,且离接地平板 40 cm。

2)落地式布置

落地式设备同样应保持与 LISN 80 cm 的距离,并距离接地平板 40 cm。EUT 与辅助设备应放置在距离水平接地平面 0.1 m 的非导电桌面上,且两者之间应保持至少 10 cm 的间隔。此外,辅助设备与 EUT 之间的距离也应保持在 10 cm 以上。

不管是台式布置还是落地式布置,都要遵循以下要求:

(1)水平地平面:导电金属片的尺寸至少要比受试设备外周的宽多 15 cm,长度比其长 40 cm,以适应从受试设备到垂直接地平面的间距。

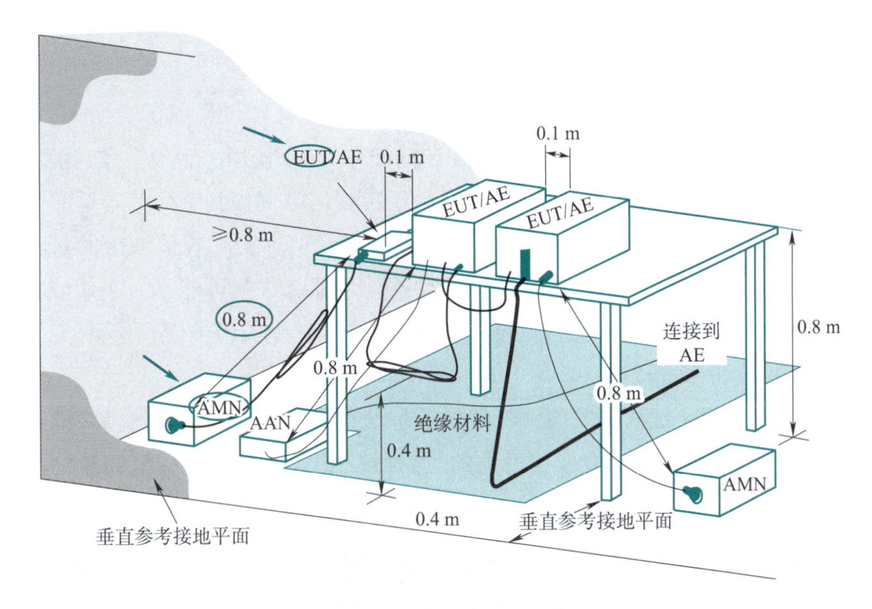

图 2-20　传导电磁干扰测试系统架设

(2)垂直地平面:导电金属片的尺寸大于受试设备的外围宽度至少 15 cm、长度至少为 80 cm,以适应从受试设备到水平接地平面的间距。接地平面应使用低阻抗(例如导电带)沿着两个平面对接的地方互相连接。

(3)LISN 连接片:短金属导电片将 LISN 接合/接地到水平接地层,优先选择低阻抗(可能是薄的金属带)的导电片,尽量不要使用导线连接。

(4)不导电台面:比待测设备大一点。可以是木制的、塑料制的或者是玻璃纤维的,一般不建议选择金属制的。

2. 环境设置

(1)把待测设备放到一个不导电台面的中间位置。

(2)将水平参考接地平面放置在受试设备下 80 cm 处,并正好位于受试设备正下方。

(3)将垂直参考接地平面放置在距离受试设备中心 40 cm 处,并连接到水平参考接地平面。

(4)使用 LISN 连接片将 LISN 连接到水平参考接地平面。

(5)将频谱分析仪/EMI 接收机放置在距离水平参考接地平面/测试区域边缘几米处,并将其接通电源。

3. 设备检查

(1)对频谱分析仪/EMI 接收机进行上电预热。

(2)给 LISN 通电,但是此时不要给待测设备通电。

(3)将 LISN 射频输出连接到频谱分析仪的射频输入,同时加上瞬态限制器以及 3 dB 或 10 dB 的外部衰减器。

二、测试方法及步骤

频谱分析仪的参数设置可以与大多数规格书中标示的设置不同,建议对频谱分析仪进行如下设置：RBW＝10 kHz，Detector＝Positive Peak，Span＝30 MHz。这些设置可以使用户尽快对问题区域进行分析，而且快速对待测设备的传导能有一个基本概念。

测试方法：

（1）由于大多数频谱分析仪没有预选滤波器，如果使用一台没有预选滤波器的频谱分析仪，那么得到的峰值可能是假的，这是由于带外信号混入到待测信号里面。

（2）外加一个衰减器（3 dB 或者 10 dB）来测峰值。实际峰值减少的量将会和加入衰减的量一致，如果峰值减少的量比加入衰减量大，那么这就可能是一个假峰。在测试结果记录上对这个假峰进行标注，也可以使用标准的 EMI 滤波器或者预选器，这些操作虽然可以加快测试但同时也会带来高成本。

图 2-21 是一个典型的峰值测试实验，M1 的轨迹是没有使用衰减器得到的，M2 的则是给频谱仪的射频输入端外加了一个 10 dB 的衰减器得到的，这种情况下，峰值下降的量和所加入的衰减量是一致的，确认了该峰值是真峰而不是带外信号的产物。

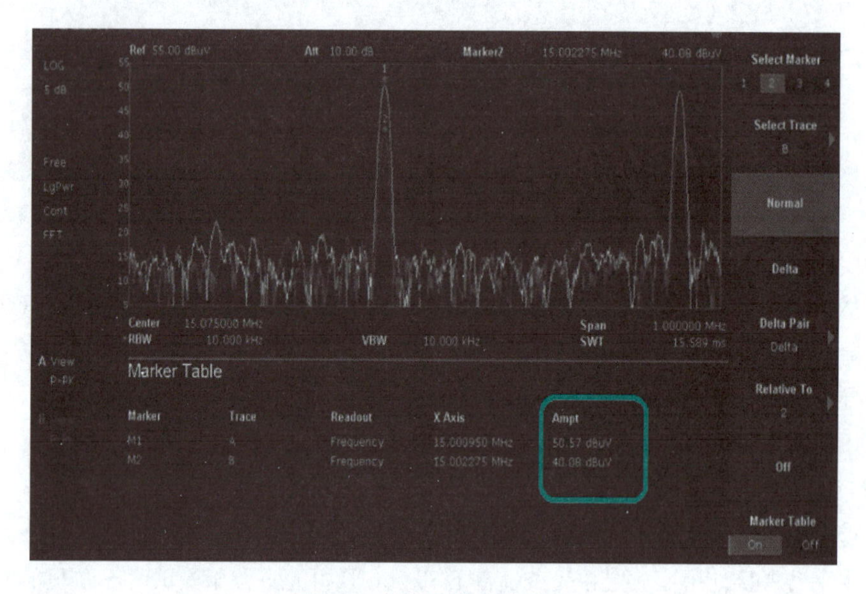

图 2-21　传导干扰峰值测试

假设 DUT 待测电路中具有突发的 RF，间歇数字通信或瞬态输出等信号，如果可能的话，那就需要使用 EMI 滤波器、RBW 带宽，用准峰值检波器再次对待测设备进行扫描。

通过将分析仪的中心频率设置为感兴趣的峰值频率去对失败的峰值进行放大观察。设置扫宽为指定标准 RBW 的 10 倍（如果指定 RBW 为 9 kHz，那么设置扫宽为 90 kHz 或 100 kHz），然后开启 EMI 滤波功能，使用准峰值检波器，RBW 设为 9 kHz，观察扫描结果。

用准峰值检波器进行扫描时间会比较长，准峰值测量结果也不会超过正峰值，但是使用准峰值扫描可以减少设计方案所用的时间。

（3）一些频谱分析仪有最大保持功能，可以保存每一次扫描频率的最高幅值，因此，可以通过设置一条迹线为清除写入状态来表示当前输入的射频信号，并且设置另一条迹线为最大保持状态。这样，可以对比待测设备的变化和在最糟糕的情况下获得的数据，或者使用最大保持功能所保存下的数据。

（4）可以使用光标工具和峰值记录表来清楚获取峰值的频率和幅度，如图 2-22 所示。

Ref 65.00 dBuV　Att 10.00 dB　Marker1 1.014899 MHz 58.54 dBuV

Marker 1.014899 MHz 58.54 dBuV

Center 15.075000 MHz　RBW 10.000 kHz　VBW 10.000 kHz　Span 29.850000 MHz　SWT 449.330 ms

Peak→CF　Next Peak　Left Peak　Right Peak　Peak Peak　Cont Peak On Off　Peak Table On Off　Search Config　Local

Peak Table

Peak	X Axis	Ampt	Peak	X Axis	Ampt
1	1.014899 MHz	58.54 dBuV	9	4.496943 MHz	57.73 dBuV
2	1.997849 MHz	58.45 dBuV	10	5.034319 MHz	57.53 dBuV
3	1.506623 MHz	58.36 dBuV	11	5.517879 MHz	57.17 dBuV
4	508.341 kHz	58.29 dBuV	12	6.005368 MHz	57.08 dBuV
5	2.503855 MHz	58.24 dBuV	13	6.535926 MHz	56.89 dBuV
6	3.513007 MHz	57.96 dBuV	14	7.013690 MHz	56.67 dBuV
7	3.029256 MHz	57.89 dBuV	15	7.526379 MHz	56.34 dBuV
8	4.016929 MHz	57.85 dBuV	16	8.019767 MHz	56.03 dBuV

图 2-22　使用峰值表和光标进行峰值测试

为了减少用户的 EMI 兼容环境设置，收集数据和测试报告整理的烦琐步骤，EZ_EMC_20170316（测试软件）给用户提供了一个集中设置，快速存储、回调校准数据和设置限制线功能，整理扫描报告的环境如图 2-23 所示。

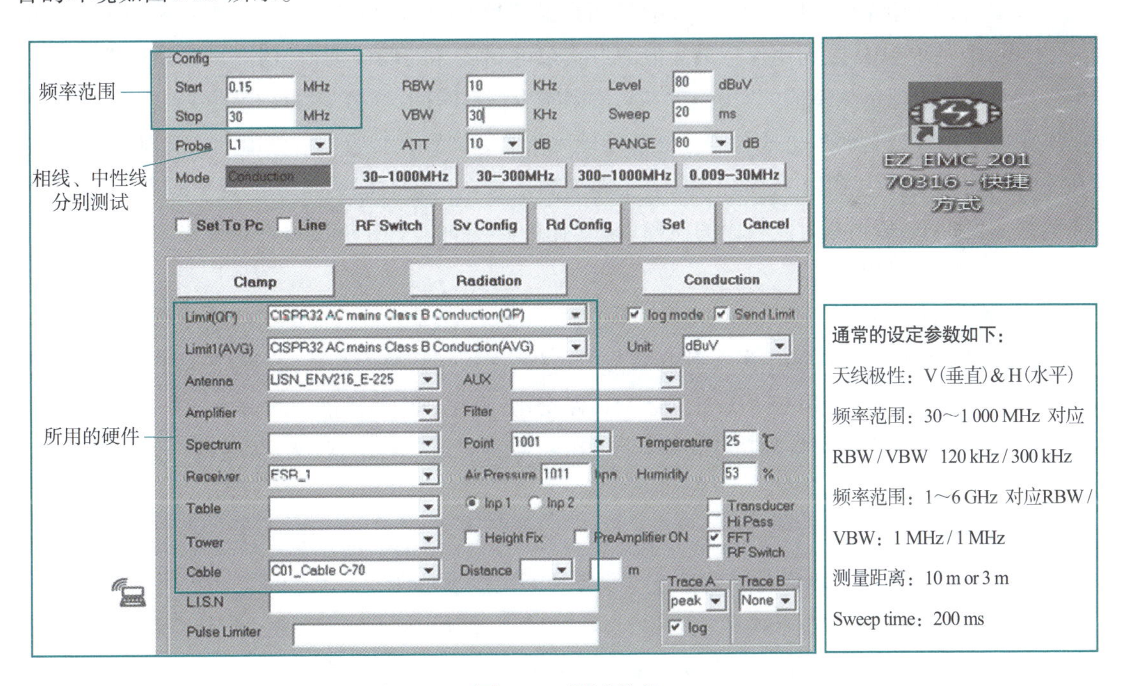

图 2-23　测试软件

使用法拉软件的步骤：

（1）设置频率范围，30～1 000 MHz 对应 RBW/VBW：120 kHz/300 kHz；1～6 GHz 对应 RBW/VBW：1 MHz/1 MHz。

（2）设置天线极性：V（垂直）或 H（水平）。

(3)选择相线、中性线分别测试。

(4)设置测量距离:10 m 或者 3 m。

(5)设置扫描时间:200 ms。

(6)选择 Limit 限值标准,测试点数。

(7)设置线型(Cable)。

三、测试法规要求

1. 测试法规

传导的法规因产品类别的不同,其所适用的条文亦不同,一般是使用欧洲的 EN 55022 或是美国的 FCC part15 来定义其限制线,又可以区分为 ClassA 与 ClassB 两种标准,ClassA 为产品在商业与工业区域使用,ClassB 为产品在住宅及家庭区域使用。产品为 3C 的家用电源,传导测试频段为 150 kHz ~ 30 MHz,在产品测试前请先确认申请的安规为何等级,不同的安规与等级会有不同的标准线。

传导测试最终的目的,就是确保测试产品的性能指标远低于规定的安全限值,不论是准峰值 QP 或平均值 AV;一般在申请安规时,虽然只有在限制线下方即可申请,但多数都会做到低于 2 dB 的误差以预防测试场地不同所导致的差异,而客户端有时会要求必须低于 4 ~ 6 dB 来预防产品大量生产后所产生的误差。

一般量测时都会先用峰值量测,因峰值量测是最简单且快速的方法,量测仪器以 9 kHz 为一单位,在 150 kHz ~ 30 MHz 之间用保持最大值的方式来得到传导的峰值读值,用此来确认电源的最大峰值然后再依此去抓最高峰值的实际 QP、AV 值来减少扫描时间,峰值与准峰值的差别在于:峰值量测是不论时常出现或是偶尔出现的信号皆被以最大值的方式置在接收器的读值中,而准峰值量测是指在一时间内取数次此频段的脉冲信号,若某频率的信号在一段时间内重复出现率较高,才会得到较高的量测值;平均值则是对此频段的振幅取平均值,典型的频谱分析仪可将带宽设定在 30 Hz 左右来得到最真实的平均信号。

QP 与 AV 相较于峰值,其实测值必然较低,若一开始的峰值量测已有足够的余度则不用再做单点的 QP 和 AV 量测。现在的 IC 为了 EMI 传导的防护,在操作频率上都会做抖频的功能,例如 IC 主频为 65 kHz,但在操作时会以 65 kHz 正负 6 kHz 做变化,由此来将差模倍频的信号打散,不会集中在单一尖锐峰值上。如果没有抖频功能,差模干扰在主频的倍频时会呈现单一尖锐峰值很扎实的 QP 与 AV。

2. 适用范围

EN 55022 适用信息技术设备。信息技术设备须满足以下条件:

(1)主要功能是能对数据和电信消息进行录入、储存、显示、检索、传递、处理、交换和控制(或几个功能的组合),该设备可以配置一个或者多个通常用于信息传递的终端端口;

(2)额定电压不超过 600 V。例如:数据处理设备、办公设备、电子商务设备以及电信设备等等。

(3)传导测试的频率范围为 0.15 ~ 30 MHz。

注意:按照《国际电信联盟(ITU)无线电规则》其主要功能是发射和(或)接收的设备不属于 ITE 适用范畴。

视 频

CE网线测试1

视 频

CE网线测试2

视 频

CE网线测试3

四、测试结果及数据判定

1. Limit 限值

ITE 类分为 A 级和 B 级两类,限值要求不同。

B 级类主要用于生活环境中,可包括:

(1)不在固定场所使用的设备,例如由内置电池供电的便捷式设备。

(2)通过电信网络供电的电信终端设备。

(3)个人计算机及相连的辅助设备。

注意:所谓生活环境,是指那种有可能在离有关设备 10 m 远的范围内使用广播和电视接收机的环境。

A 级类:指满足 A 级限值但不满足 B 级限值要求的产品。对于此类设备不限制其销售,但是应在其有关的使用说明书中指出,在生活环境中此类产品会造成无线电干扰,须采取切实可行的措施。

(1)电源端子传导骚扰电压限值见表 2-1、表 2-2。

表 2-1　ITE 类 A 级电源端子传导骚扰电压限值

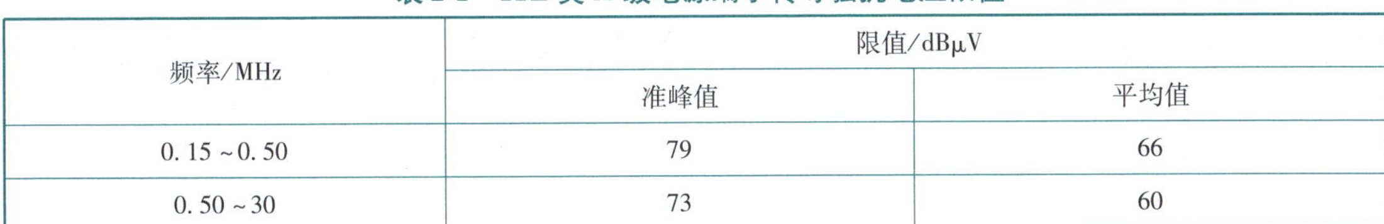

频率/MHz	限值/dBμV	
	准峰值	平均值
0. 15 ~ 0. 50	79	66
0. 50 ~ 30	73	60

注:在过滤频率(0. 50 MHz)处应采用较低的限值。

表 2-2　ITE 类 B 级电源端子传导骚扰电压限值

频率/MHz	限值/dBμV	
	准峰值	平均值
0. 15 ~ 0. 50	66 ~ 56	56 ~ 46
0. 50 ~ 5	56	46
5 ~ 30	60	50

注:1. 在过滤频率(0. 50 MHz 和 5 MHz)处应采用较低的限值。
2. 频率在 0. 15 ~ 0. 50 MHz 范围内,限值随频率的对数呈线性减小。

(2)电信端口的传导共模骚扰限值,表 2-3、表 2-4。

表 2-3　A 级电信端口传导共模(不对称)骚扰限值

频率/MHz	电压限值/dBμV		电流限值/dBμA	
	准峰值	平均值	准峰值	平均值
0. 15 ~ 0. 50	97 ~ 87	84 ~ 74	53 ~ 43	40 ~ 30
0. 50 ~ 30	87	74	43	30

注:1. 在 0. 15 ~ 0. 50 MHz 频率范围内,限值随频率的对数呈线性减小。
2. 电流和电压的骚扰限值是在使用了规定阻抗稳定网络(ISN)条件下导出的,该阻抗稳定网络对于受试的电信端口呈现 150 Ω 的共模(不对称)阻抗。

表 2-4　B 级电信端口传导共模(不对称)骚扰限值

频率/MHz	电压限值/dBμV		电流限值/dBμA	
	准峰值	平均值	准峰值	平均值
0.15～0.50	84～74	74～64	40～30	30～20
0.50～30	74	64	30	20

注:1. 在 0.15～0.50 MHz 频率范围内,限值随频率的对数呈线性减小。
2. 电流和电压的骚扰限值是在使用了规定阻抗稳定网络(ISN)条件下导出的,该阻抗稳定网络对于受试的电信端口呈现 150 Ω 的共模(不对称)阻抗。

2. 测试数据

测试数据有三种线,A 线为准峰值(QP Limit),B 线为平均值(AVG Limit),C 线为峰值(Peak),即实测波形,如图 2-25 所示。如果接收机读取的准峰值 QP 或者平均值 AV 都在规定的准峰值和平均值限值下即通过,如果通过接收机读取的准峰值和平均值有一个超出限值都是不通过的。

测试数据图的左上角表明,C 线的实测数据超出 A 线,也就是说峰值超出 A 线,出现高能报警。

测试数据图下方显示的是各个测试点的频率、校正因子、测量值、Limit 限值和最后的检测误差,例如,可以从图 2-24 中看出测试点 1 和测试点 2 的 QP 值和 AVG 值都超出限值,所以测试结果是 fail。

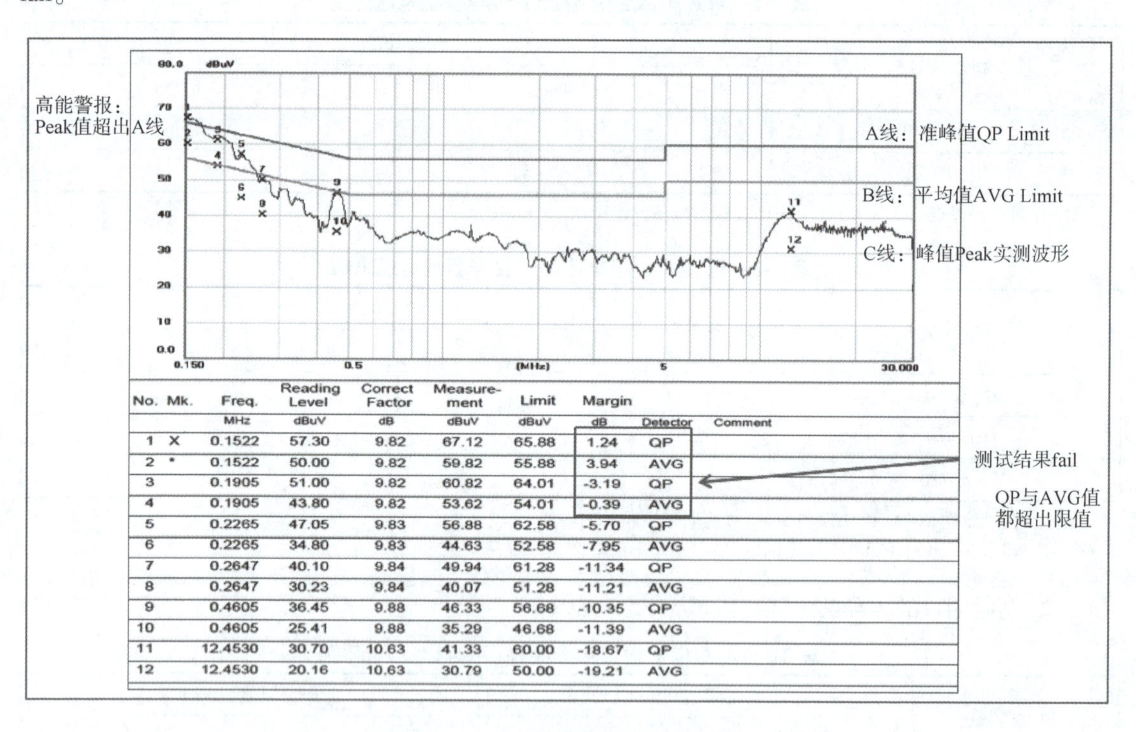

No.	Mk.	Freq.	Reading Level	Correct Factor	Measure-ment	Limit	Margin		Comment
		MHz	dBuV	dB	dBuV	dBuV	dB	Detector	
1	X	0.1522	57.30	9.82	67.12	65.88	1.24	QP	
2	*	0.1522	50.00	9.82	59.82	55.88	3.94	AVG	
3		0.1905	51.00	9.82	60.82	64.01	-3.19	QP	
4		0.1905	43.80	9.82	53.62	54.01	-0.39	AVG	
5		0.2265	47.05	9.83	56.88	62.58	-5.70	QP	
6		0.2265	34.80	9.83	44.63	52.58	-7.95	AVG	
7		0.2647	40.10	9.84	49.94	61.28	-11.34	QP	
8		0.2647	30.23	9.84	40.07	51.28	-11.21	AVG	
9		0.4605	36.45	9.88	46.33	56.68	-10.35	QP	
10		0.4605	25.41	9.88	35.29	46.68	-11.39	AVG	
11		12.4530	30.70	10.63	41.33	60.00	-18.67	QP	
12		12.4530	20.16	10.63	30.79	50.00	-19.21	AVG	

图 2-24　传导干扰测试数据结果

任务决策

任务三　课前任务决策单

一、学习指南

1. 任务名称

传导电磁干扰测试

2. 达成目标

3. 学习方法建议

4. 课前预习心得

二、学习任务

学习任务	学习过程	学习建议
子任务1：明确任务	明确学习任务，查找资料，填写课前任务决策单	阅读相关知识，查看资料，独立思考。初步感知，为下一步的学习和思考奠定基础
子任务2：课前预习	课前预习疑问： （1）______ （2）______ （3）______	可以围绕以上问题展开研究，也可以自主确立想研究的问题

任务实施

任务三　课中任务实施单

一、学习指南

1. 任务名称
   传导电磁干扰测试

2. 达成目标

3. 学习方法建议

4. 仪器设备使用手册学习

二、任务实施

任务实施	实施过程	学习建议
子任务3： 分组讨论 分工合作	(1)传导测试仪器的架设。 (2)人工电源网络的架设。 (3)阻抗匹配网络的安装	(1)就你最感兴趣的问题，寻找同伴形成小组进行研究，可单人研究一个主题。 (2)关于小组合作，提出几点建议： ①合理分工，发挥长处。 ②互帮互助，团结协作。 ③虚心学习，取长补短。 (3)登录超星平台搜索"电磁兼容检测技术与应用"课程。 提醒：信息庞杂一定要注意筛选与整理
子任务4： 数据判定 成果展示	(1)传导测试数据记录及结果判定。 (2)仪器设备图片展示。包括信号分析仪、人工电源网络。 (3)传导测试内容展示	登录学习通课程网站，完成拓展任务：对信号线进行传导测试

任务三　课后评价总结单

一、评价

1. 学习成果

2. 自主评价

3. 学后反思

二、总结

<table>
<tr><th>项　　目</th><th>学习过程</th><th>学习建议</th></tr>
<tr><td>展示交流
研究成果</td><td>(1)仪器设备展示的方式:＿＿＿＿＿＿＿＿＿＿
(2)传导测试内容展示的方式:＿＿＿＿＿＿＿＿</td><td>作品呈现方式建议:
PPT、视频、图片、照片、文稿、手抄报、角色表演的录像等。
学习成果的分享方式:
(1)将学习成果上传超星平台;
(2)手机、电话、微信等交流</td></tr>
<tr><td>多方对话
自主评价</td><td><table>
<tr><th>项　　目</th><th>优</th><th>良</th><th>中</th><th>及格</th><th>不及格</th></tr>
<tr><td>按时完成任务</td><td></td><td></td><td></td><td></td><td></td></tr>
<tr><td>搜索整理
信息能力</td><td></td><td></td><td></td><td></td><td></td></tr>
<tr><td>小组协作意识</td><td></td><td></td><td></td><td></td><td></td></tr>
<tr><td>汇报展示能力</td><td></td><td></td><td></td><td></td><td></td></tr>
<tr><td>创新能力</td><td></td><td></td><td></td><td></td><td></td></tr>
</table></td><td>(1)评价自我学习成果,评价其他小组的学习成果;
(2)评价方式:
优:四颗星;
良:三颗星;
中:两颗星;
及格:一颗星</td></tr>
<tr><td>学后反思
拓展思考</td><td>总结学习成果:
(1)我收获的知识:＿＿＿＿＿＿＿＿＿＿＿＿
(2)我提升的能力:＿＿＿＿＿＿＿＿＿＿＿＿
(3)我需要努力的方面:＿＿＿＿＿＿＿＿＿＿</td><td>总结过后,可以登录超星平台,挑战一下“拓展思考”,在讨论区发表自己的看法</td></tr>
</table>

任务四 辐射电磁干扰测试(RE)

相关知识

辐射电磁干扰测试,是测量受试设备通过空间传播的辐射骚扰场强。可以分为磁场辐射、电场辐射,前者针对灯具和电磁炉,后者则应用普遍。另外,家电和电动工具、音频和视频产品的辅助设备有功率辐射的要求。

一、场地布置及系统架设

电子、电气产品的电磁骚扰主要是由其内部电路在工作时造成的(如开关电源电路、振荡电路、高速数字电路等)。骚扰按传播途径分,主要有沿电缆(包括电源线及信号线)方向传播的传导骚扰(传导发射)和向周围空间发射的辐射骚扰(辐射发射)。前者用骚扰电平度量,后者则用骚扰功率和辐射场强度量。辐射骚扰测试的目的是测试电子、电气和机电产品及其部件所产生的辐射骚扰,包括来自机箱、所有部件、电缆及连接线上的辐射骚扰。试验主要判定其辐射是否符合标准的要求,以致在正常使用过程中不对在同一环境中的其他设备或系统造成影响。

1. 场地布置

场地布置主要有以下几种:

1)电场辐射

电场辐射分台式与落地式,与传导发射相同(因为辐射发射结果与产品布置的关系尤为密切,因此需要严格按照标准布置,包括产品、辅助设备、所有电缆在内的受试样品);

2)磁场辐射

不同尺寸的三环天线对能够测试的受试设备最大尺寸是有限制的,以 2 m 直径的环形三环天线为例,长度小于 1.6 m 的受试设备能够放在三环天线中心测试;在 CISPR 11 中,超过 1.6 m 的电磁炉用 0.6 m 直径的单环远天线在 3 m 外测量,最低高度为 1 m。

3)骚扰功率

分台式与落地式,台式设备放在 0.8 m 的非金属桌子上,离其他金属物体至少 0.8 m(通常是屏蔽室的金属内墙,这个距离要求在 CISPR 14-1 中是至少 0.4 m);落地式设备放在 0.1 m 的非金属支撑上;被测线缆(LUT)布置在高 0.8 m、长 6 m 的功率吸收钳导轨上。

2. 测试频段以及测试限值

测试频段:电场辐射一般是 30 MHz ~ 1 GHz(有些产品需要测超过 1 GHz),磁场辐射为 9 kHz ~ 30 MHz,骚扰功率为 30 ~ 300 MHz。

测试限值:随不同标准,场地是 3 m、10 m 或其他尺寸,不同的产品分类(Group 1/2, Class A/B)而限值不同。

3. 系统架设

系统架设如图 2-25 所示,主要需要如下设备(见图 2-26):

(1)自动测试控制系统(包括计算机及软件)。

(2)测量接收机。

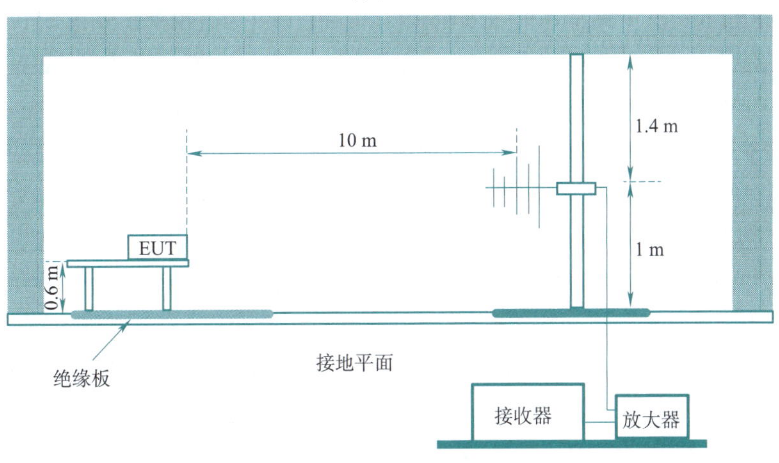

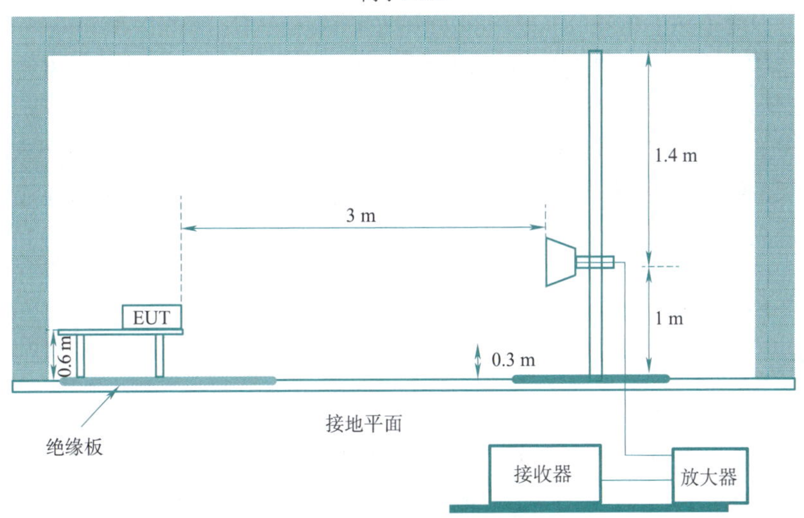

图 2-25　系统架设

视　频

RE测试-添加滤波器组

放大器开机

RE天线塔控制

图 2-26　辐射测试设备

（3）各种天线（包括大小形状环路天线、功率双锥天线、对数周期天线、扬声器天线等）及天线控制单元等。

(4)半电波暗室或开阔场。

测量接收机是辐射测试中最常用的基本测试仪器。在无线广播频率领域,CISPR 所推荐的 EMC 规范采用准峰值检波。这是因为,大多数电磁干扰都是脉冲干扰,它们对音频影响的客观效果是随着重复频率的增高而增大的。具有特定时间常数的准峰值检波器的输出特性,可以近似反映这种影响。

天线是辐射发射测试的接收装置,辐射发射测试频率范围从几十千赫到几十吉赫,在这么宽的频率范围内测试,所需要的天线种类繁多,且必须借助各种探测天线把测场强转换成测电压。例如,在 30 ~ 230 MHz 频率范围内,常采用偶极子与双锥天线;230 MHz ~ 1 GHz 频率范围内,采用对数周期、偶极子及对数螺旋天线;在 1 ~ 40 GHz 频率范围内,采用扬声器天线,这些天线的相关参数可参考供应商提供的天线出厂资料。一般情况下,辐射发射测试用的天线应具有以下特点:

(1)天线频带范围宽。为了提高测试速度,最好采用宽频带天线,除非只对少数已知的干扰频率点进行测试。

(2)宽频带天线在使用时需输入校正曲线,此曲线由天线制造厂商在出厂时测试出来并提供给用户。

(3)很多测试用天线都工作在近场区,测试距离对测试结果影响很大,因此测试中必须严格按测试规定进行。有些天线虽然给了电场、磁场的校正参数,但只有当这些天线做远场测试时才有效,因为在近场区电场/磁场比(波阻抗)不再是个常数,在测试近场干扰时,电场和磁场测试结果不能再按此换算,这是在测试中容易忽略的问题。

开阔场是专业辐射发射测试场地,应满足标准对于测试距离的要求。在标准要求的测试范围内没有与测试无关的架空走线、建筑物、发射物体,而且应该避开地下电缆,必要时还应该有气候保护罩。该场地还应满足 CISPR 16、EN 50147-2、ANSI 63.4 等要求。

二、测试方法及步骤

1. 测试方法

1)30 MHz ~ 1 GHz 电场辐射测试方法

在半电波暗室中进行,受试设备随转台 360°转动,天线在 1 ~ 4 m 高度上下升降,寻找辐射最大值。结果用 QP 值表示。垂直、水平两种天线极化方向都测。

2)大于 1 GHz 的电场辐射测试方法

工作频率超过 10^8 MHz 的 ITE 设备、超过 400 MHz 的 ISM 设备需要测试,是在 3 m 场地,使用频谱分析仪测试。ITE 设备测试方法基本同 30 MHz ~ 1 GHz 电场辐射,结果用 Peak 与 AV 值表示。ISM 的产品不同,需要在全电波暗室中测试,天线同产品同高度,不升降,转台仍然转动以寻找辐射最大值。

3)替代法

采用 ERP(有效发射功率)来代替,再换算成场强数值。这个在 RF 测试中经常用到,常规 EMC 很少使用。替代法测试的目的是测试受试设备的壳体辐射,需要拆除所有可拆卸电缆,不可拆卸的电缆上套铁氧体磁环。首先用天线 A 和接收机测量出受试设备的最大骚扰值,然后用天线 B 替代受试设备,调节信号发生器输出功率,直至测量接收机达到同样的值。记录替代天线 B 的输入端功率,即为受试设备的壳体辐射功率。天线的选择根据测试频率来定。

4)磁场辐射测试方法

采用三环天线的磁场辐射测试,样品放置在天线中心,X、Y、Z 三个方向各测一组磁场辐射的结果。采用单小环天线时,天线垂直地面放置,最低部分高于地面 1 m。因为是近场测量,又考虑到了地面的反射，测量所得的值反映了受试设备的水平和垂直的磁场分量。

5）骚扰功率测试方法

对设备的所有长度超过 25 cm 的电缆（也包括辅助设备的电缆）都需进行。因为在 30 ~ 300 MHz 内，不同频点的骚扰在被测电缆中呈驻波形式分布。因此，在测量中需要沿导轨拉功率吸收钳以寻找每个终测频点骚扰功率最大的位置（大致在离设备半波长的距离处）。

2. 测试步骤

（1）按要求架设受试设备，使其一直处于典型工作状态。

（2）打开法拉软件。

（3）设置好对应的测试频段、天线极性、RBW、VBW、Sweep、Limit，对应的仪器（天线、放大器、频谱接收机、线材）。

（4）频谱分析仪或接收机设置为 Peak Max Hold 功能。

（5）天线 1 ~ 4 m（按一次 Step 键调整 1 m）高度升降，转桌 0 ~ 360°旋转。

（6）标记 6 个最高的频点（依实际需求可能会更多），并读取 QP 值。

（7）将测得的 QP 值与 Limit 比较，判定测试结果并将数据存储。

三、测试法规要求

B 类设备 1 GHz 以下（低频）限值、1 GHz 以上（高频）限值见表 2-5、表 2-6。

表 2-5　B 类设备 1 GHz 以下（低频）限值

频率范围/MHz	量测		B 类限制值/(dBμV/m)
	距离/m	频宽	
30 ~ 230	10	准峰值/120 kHz	30
230 ~ 1 000			37
30 ~ 230	3		40
230 ~ 1 000			47

表 2-6　B 类设备 1 GHz 以上（高频）限值

频率范围/MHz	量测		B 类限制值/(dBμV/m)
	距离/m	频宽	
1 000 ~ 3 000	3	平均值/1 MHz	50
3 000 ~ 6 000			54
1 000 ~ 3 000		峰值/1 MHz	70
3 000 ~ 6 000			74

四、测试结果及数据判定

辐射电磁干扰测试是评估电子设备在电磁环境中的抗干扰能力的关键步骤，测试结果和数据的准确判定对于确保设备的正常运行和合规性具有重要意义，Fail 数据如图 2-27 所示，Pass 数据如图 2-28 所示，12 点数据标记如图 2-29 所示。

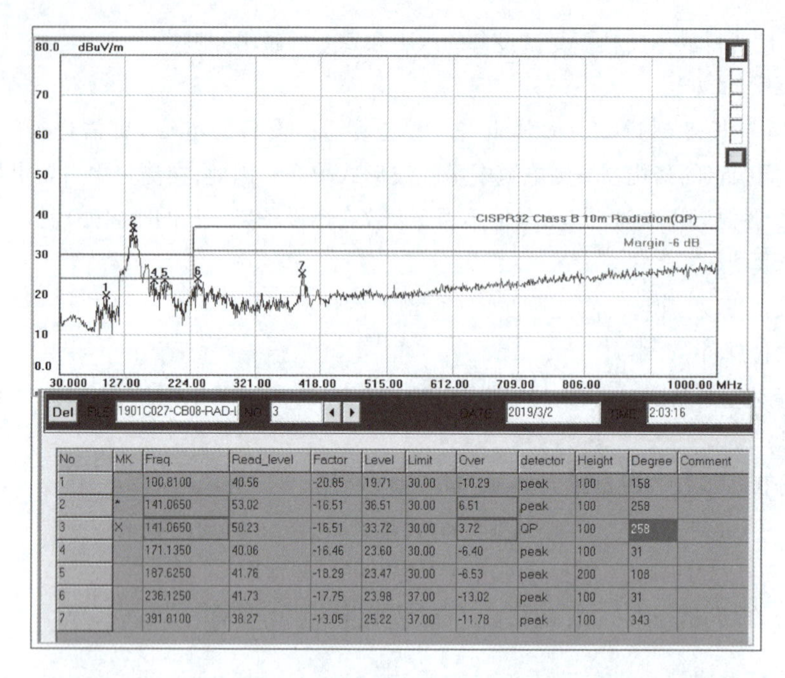

No	MK.	Freq.	Read_level	Factor	Level	Limit	Over	detector	Height	Degree	Comment
1		100.8100	40.56	-20.85	19.71	30.00	-10.29	peak	100	158	
2	*	141.0650	53.02	-16.51	36.51	30.00	6.51	peak	100	258	
3	X	141.0650	50.23	-16.51	33.72	30.00	3.72	QP	100	258	
4		171.1350	40.06	-16.46	23.60	30.00	-6.40	peak	100	31	
5		187.6250	41.76	-18.29	23.47	30.00	-6.53	peak	200	108	
6		236.1250	41.73	-17.75	23.98	37.00	-13.02	peak	100	31	
7		391.8100	38.27	-13.05	25.22	37.00	-11.78	peak	100	343	

图 2-27 辐射电磁干扰测试 Fail 数据

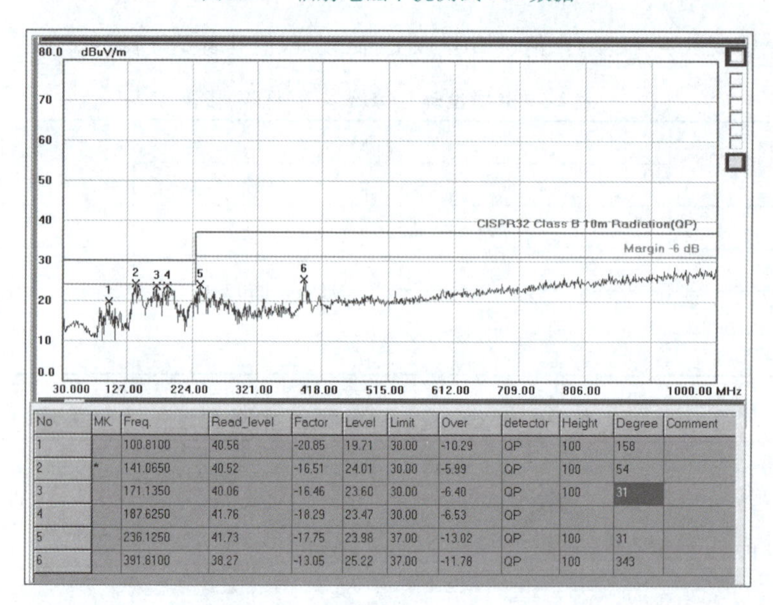

No	MK.	Freq.	Read_level	Factor	Level	Limit	Over	detector	Height	Degree	Comment
1		100.8100	40.56	-20.85	19.71	30.00	-10.29	QP	100	158	
2	*	141.0650	40.52	-16.51	24.01	30.00	-5.99	QP	100	54	
3		171.1350	40.06	-16.46	23.60	30.00	-6.40	QP	100	31	
4		187.6250	41.76	-18.29	23.47	30.00	-6.53	QP			
5		236.1250	41.73	-17.75	23.98	37.00	-13.02	QP	100	31	
6		391.8100	38.27	-13.05	25.22	37.00	-11.78	QP	100	343	

图 2-28 辐射电磁干扰测试 Pass 数据

视频

RE测试1

视频

RE测试2

1. 测试结果的评估

（1）测试报告概述。测试报告应包含测试所用的标准、测试方法、测试环境以及测试过程的详细描述。

（2）辐射电磁干扰数据分析：对于辐射测试中获取的数据，应进行数据分析，包括频谱分析、信号强度测量和频率响应分析等。

（3）判定准则的制定：根据相关标准和规范，制定适用的判定准则，用于评估测试结果的合格性和不合格性。

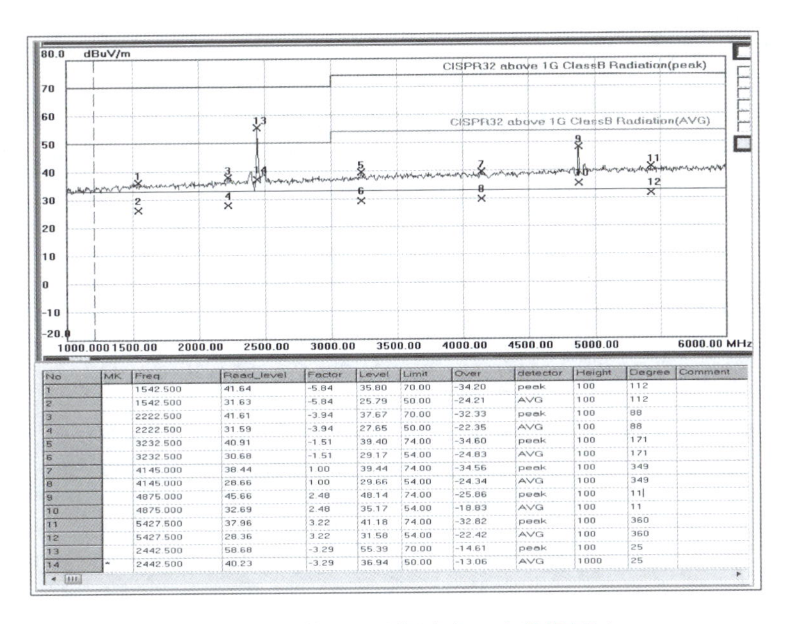

No	MK	Freq	Read_level	Factor	Level	Limit	Over	detector	Height	Degree	Comment
1		1542.500	41.64	-5.84	35.80	70.00	-34.20	peak	100	112	
2		1542.500	31.63	-5.84	25.79	50.00	-24.21	AVG	100	112	
3		2222.500	41.61	-3.94	37.67	70.00	-32.33	peak	100	88	
4		2222.500	31.59	-3.94	27.65	50.00	-22.35	AVG	100	88	
5		3232.500	40.91	-1.51	39.40	74.00	-34.60	peak	100	171	
6		3232.500	30.68	-1.51	29.17	54.00	-24.83	AVG	100	171	
7		4145.000	38.44	1.00	39.44	74.00	-34.56	peak	100	349	
8		4145.000	28.66	1.00	29.66	54.00	-24.34	AVG	100	349	
9		4875.000	45.66	2.48	48.14	74.00	-25.86	peak	100	11	
10		4875.000	32.69	2.48	35.17	54.00	-18.83	AVG	100	11	
11		5427.500	37.96	3.22	41.18	74.00	-32.82	peak	100	360	
12		5427.500	28.36	3.22	31.58	54.00	-22.42	AVG	100	360	
13		2442.500	58.68	-3.29	55.39	70.00	-14.61	peak	100	25	
14	*	2442.500	40.23	-3.29	36.94	50.00	-13.06	AVG	1000	25	

图 2-29　辐射电磁干扰测试 12 点数据标记

2. 数据判定方法

(1)阈值比较法:将测试数据与预先设定的阈值进行比较,如果测试数据超过或低于阈值,则可判定为不合格。

(2)频谱分析法:通过分析频谱图,确定频率范围内是否存在异常信号,如峰值、杂散等。

(3)敏感度分析法:通过调整测试设备的灵敏度,观察设备的反应变化,判断是否受到辐射干扰。

(4)数据统计法:将多次测试结果进行统计分析,计算平均值、方差等,以确定测试结果的可靠性。

3. 数据判定结果

(1)合格判定:当测试数据符合预先设定的标准和规范时,可判定为合格。在测试报告中明确注明合格结果。

(2)不合格判定:当测试数据超过或低于设定的阈值,或存在异常信号时,可判定为不合格。在测试报告中详细描述不合格现象,并提供改进措施。

4. 数据判定的误差和可靠性评估

1)测量误差

测试过程中可能存在的测量误差应在测试报告中进行说明,并提供相应的误差范围。

2)可靠性评估

为提高数据判定的可靠性,建议进行多次测试,并对测试结果进行统计分析,计算可靠性指标,如置信度等。

辐射电磁干扰测试结果的准确评估和数据判定是确保电子设备正常运行和合规性的重要环节。通过合适的判定方法和准则,结合数据分析和统计,可以有效地判断测试结果的合格性,并为改进设备的抗干扰能力提供依据。在测试报告中应清晰、准确地描述测试结果,并提供改进措施以解决不合格问题,确保设备的稳定性和可靠性。

任务决策

任务四　课前任务决策单

一、学习指南

1. 任务名称

辐射电磁干扰测试

2. 达成目标

3. 学习方法建议

4. 课前预习心得

二、学习任务

学习任务	学习过程	学习建议
子任务1：明确任务	明确学习任务，查找资料，填写课前任务决策单	阅读相关知识，查看资料，独立思考。初步感知，为下一步的学习和思考奠定基础
子任务2：课前预习	课前预习疑问： (1) ____________ (2) ____________ (3) ____________	可以围绕以上问题展开研究，也可以自主确立想研究的问题

任务实施

任务四　课中任务实施单

一、学习指南

1. 任务名称
辐射电磁干扰测试

2. 达成目标

3. 学习方法建议

4. 仪器设备使用手册学习

二、任务实施

任务实施	实施过程	学习建议
子任务3： 分组讨论 分工合作	（1）辐射测试仪器的架设。 （2）辐射测试软件的操作。 （3）辐射测试天线极性的设置。 （4）频谱仪或接收器测试点的设置	（1）就你最感兴趣的问题，寻找同伴形成小组进行研究，可单人研究一个主题。 （2）关于小组合作，提出几点建议： ①合理分工，发挥长处。 ②互帮互助，团结协作。 ③虚心学习，取长补短。 （3）登录超星平台搜索“电磁兼容检测技术与应用”课程。 提醒：信息庞杂一定要注意筛选与整理
子任务4： 数据判定 成果展示	（1）辐射测试数据记录及结果判定。 （2）仪器设备图片展示。包括信号分析仪，人工电源网络。 （3）辐射测试内容展示	登录学习通课程网站，完成拓展任务：对 Wi-Fi 进行辐射测试

评价总结

任务四　课后评价总结单

一、评价

1. 学习成果

2. 自主评价

3. 学后反思

二、总结

<table>
<tr><th>项　　目</th><th>学习过程</th><th>学习建议</th></tr>
<tr><td>展示交流
研究成果</td><td>(1)仪器设备展示的方式:________
(2)辐射测试内容展示的方式:________</td><td>作品呈现方式建议:
PPT、视频、图片、照片、文稿、手抄报、角色表演的录像等。
学习成果的分享方式:
(1)将学习成果上传超星平台;
(2)手机、电话、微信等交流</td></tr>
<tr><td>多方对话
自主评价</td><td><table>
<tr><th>项　　目</th><th>优</th><th>良</th><th>中</th><th>及格</th><th>不及格</th></tr>
<tr><td>按时完成任务</td><td></td><td></td><td></td><td></td><td></td></tr>
<tr><td>搜索整理
信息能力</td><td></td><td></td><td></td><td></td><td></td></tr>
<tr><td>小组协作意识</td><td></td><td></td><td></td><td></td><td></td></tr>
<tr><td>汇报展示能力</td><td></td><td></td><td></td><td></td><td></td></tr>
<tr><td>创新能力</td><td></td><td></td><td></td><td></td><td></td></tr>
</table></td><td>(1)评价自我学习成果,评价其他小组的学习成果;
(2)评价方式:
优:四颗星;
良:三颗星;
中:两颗星;
及格:一颗星</td></tr>
<tr><td>学后反思
拓展思考</td><td>总结学习成果:
(1)我收获的知识:________
(2)我提升的能力:________
(3)我需要努力的方面:________</td><td>总结过后,可以登录超星平台,挑战一下“拓展思考”,在讨论区发表自己的看法</td></tr>
</table>

一、填空题

1. EMI(electromagnetic interference,电磁干扰)滤波器在安装时,正确操作流程为________。

2. 常用EMI滤波元件是电容器、电感器,其具有独特的材料和结构,其主要目的是____________________。

3. 共模扼流圈常常被附加做电源输入线,其主要作用是________。

4. 通常EMI滤波器可以分为低通、高通、带通和带阻四类。但由于干扰信号频谱通常远高于有用信号频谱,所以,________滤波器最为常用。

5. 为保持电磁屏蔽的完整性,需在屏蔽体开显示窗口的地方,必须进行特殊处理,比如________、________。

二、简答题

1. 简述LISN的作用。

2. 简述ISN的作用。

3. 简述接地参考平面的作用。

4. 简述测量接收机的用途。

5. 传导测试要用到的仪器设备有哪些?这些设备与辐射测试设备有哪些不同?

6. 请计算下列测量结果对应的电压值:
(1)57.3 dBμV;(2)20.16 dBμV。

7. 传导测试对环境的要求是什么样的？气压、温度、湿度有何要求？

8. 哪些电子产品会产生传导骚扰？

9. 传导电磁干扰测试的标准有哪些？

10. 传导电磁干扰测试频段是多少？

谐波测试（harmonic）和电压闪烁测试（flicker）

知识目标

1. 熟悉谐波测试和闪烁测试的概念；
2. 熟悉谐波电压测试的场地布置及系统架设；
3. 熟悉谐波电流测试的场地布置及系统架设；
4. 熟悉电压闪烁测试的场地布置及系统架设；
5. 熟悉谐波测试和电压闪烁测试各种法规要求；
6. 熟悉谐波测试和闪烁测试的环境及要求。

技能目标

1. 会谐波电压测试的方法及步骤；
2. 会谐波电流测试的方法及步骤；
3. 会电压闪烁测试的方法及步骤；
4. 能针对电压、电流测试结果进行分析和数据判定；
5. 能针对电压闪烁测试结果进行分析和数据判定；
6. 能针对测试问题进行分析，找出原因，并提出解决方案。

素质目标

1. 培养爱岗敬业、团队协作的精神；
2. 培养安全意识、操作规范；
3. 增强创新创意、职业素养；
4. 知识传授、能力提升和价值引领同步进行。

任务一 谐波测试（harmonic）

相关知识

严格地讲，谐波是指电流中所含有的频率为基波的整数倍的电量，一般是指对周期性的非正弦电量进行傅里叶级数分解,频率大于基波频率的电流产生的电量。从广义上讲,由于交流电网有效分量为工频单一频率,因此任何与工频频率不同的成分都可以称为谐波。谐波测试分为谐波电压测试和谐波电流测试,但是大部分实际场景测量一种就行。谐波电压检测是根据瞬时无功功率提出的,相对不易测试,所以,很多时候都会选择测量谐波电流。

一、谐波电流的定义及危害

1. 谐波电流的定义

由于正弦电压加压于非线性负载,基波电流发生畸变产生谐波。主要非线性负载有 UPS(不间断电源)、开关电源、整流器、变频器、逆变器等。

谐波电流就是将非正弦周期性电流函数按傅里叶级数展开时,其频率为原周期电流频率(工频基波频率)整数倍的各正弦分量的统称。谐波电压和谐波电流波形如图 3-1 所示,多次谐波电流波形如图 3-2 所示,谐波、基波和组合波波形对比如图 3-3 所示。

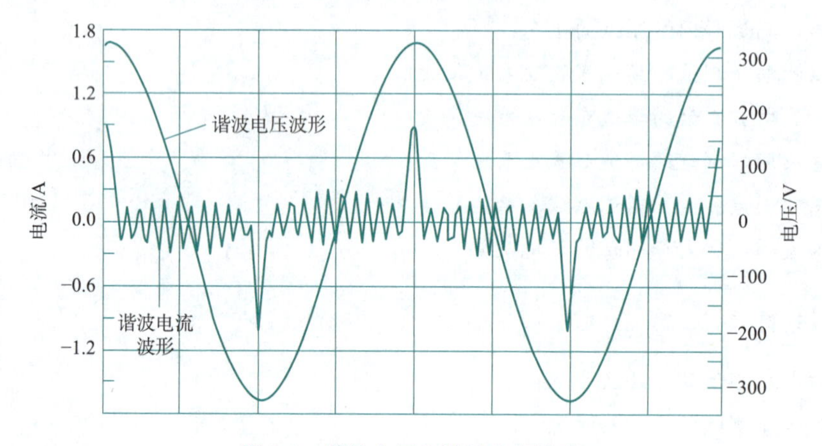

图 3-1　谐波电压和谐波电流波形

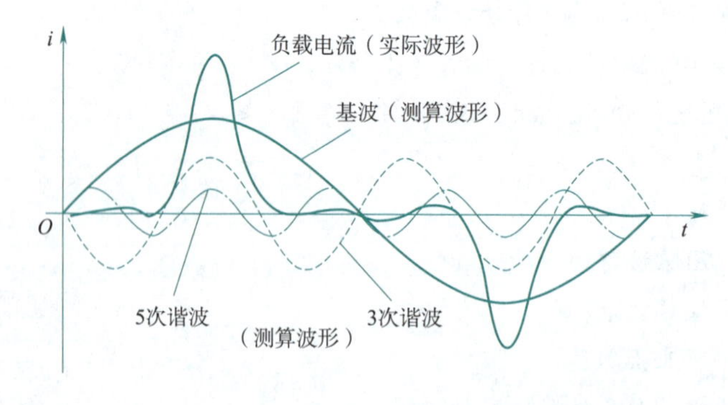

图 3-2　多次谐波电流波形

2. 谐波电流的危害

理想的公用电网所提供的电压/电流应该是单一而固定的频率以及规定的幅值。谐波电流和谐波电压的出现,对公用电网是一种污染,它使用电设备所处的环境恶化,也对周围的用电设备造成影响。

(1)谐波使公用电网中的元件产生了附加的谐波损耗,降低了发电、输电及用电设备的效率,大量的3次谐波流过中性线时会使线路过热甚至发生火灾。

(2)谐波影响各种电气设备的正常工作。谐波对电机的影响除引起附加损耗外,还会产生机械振动、噪声和过电压,使变压器局部严重过热。谐波使电容器和电缆等设备过热、绝缘老化、寿命缩短,以致损坏。

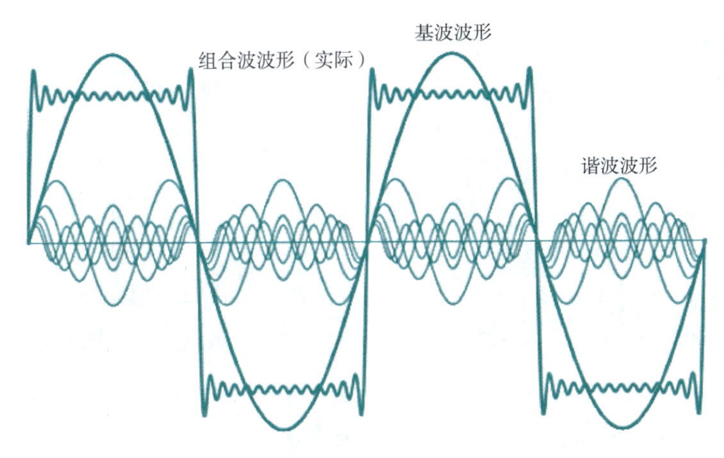

图3-3　谐波、基波和组合波波形对比

(3)谐波会导致继电保护和自动装置的误动作,并会使电气测量仪表计量不准确。

(4)降低系统容量,如变压器、断路器和电缆等。

案例1　某火锅城,使用电磁炉加热,当客人较多时,频繁跳闸。而配电箱的设计容量已留出2倍的裕量。经测量,电磁炉的电流波形如图3-4所示。由图3-4可见,电流的持续时间太短了,要保持一定的有效值,就必须具有更高的峰值(图3-4的峰值电流已达60 A),过高的峰值电流可能会触发保护电路开关而跳闸。

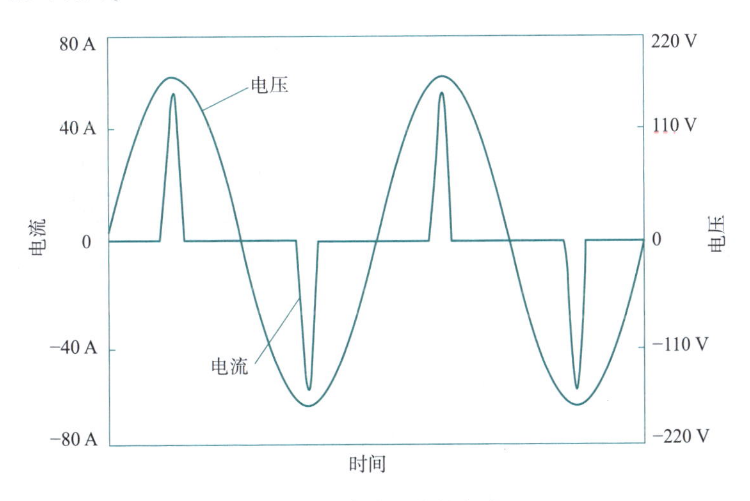

图3-4　谐波电流的危害

案例2　图3-5所示的是开关柜中中性线电流过大导致过热的情况。图3-5(a)、(b)是普通图像,可以看到中性线过热的情况。图3-5(a)的是中性线的绝缘层严重老化,图3-5(b)的是中性线的接线铜排严重氧化。这都说明中性线处于高温下。

图3-5(d)所示图像为普通照片,虽然中性线仍然完好,但是图3-5(c)的图像告诉我们,中性线

的温度已经超过了相线。长时间的高温,会加速绝缘层老化。

造成中性线过热的原因就是中性线电流过大。中性线不同于相线,它没有过电流保护装置,因此在电流过大的情况下,不会进行保护,只能任凭发热。电缆过热往往是电气火灾的隐患。因此,对于中性线过热的情况必须足够重视。

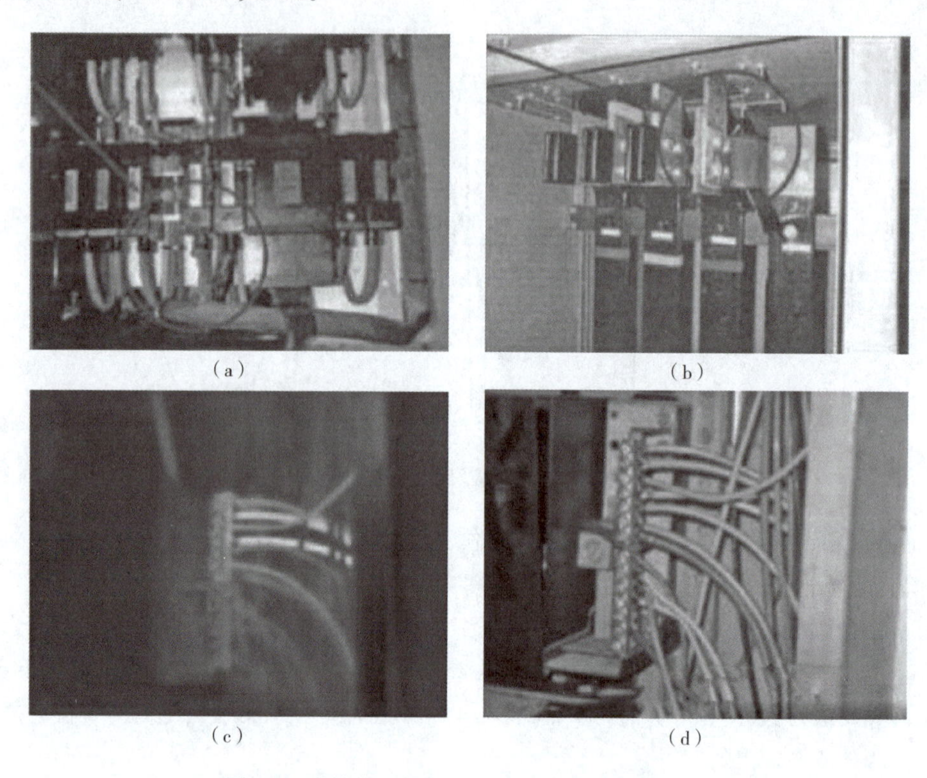

(a) (b) (c) (d)

图 3-5 中性线过热的可见光照片和红外线图像

二、场地布置及系统架设

谐波电磁兼容测试是评估电子设备在谐波频率下的兼容性能的重要环节。为了确保测试结果的准确性和可重复性,合理的测试场地布置是至关重要的。下面将介绍谐波电磁兼容测试场地布置的基本原则和方法。

1. 场地选择

(1)静电环境:选择无静电干扰的场地,避免静电放电对测试结果的影响。场地应具备良好的接地条件,地面阻抗应符合相关标准和规范。

(2)磁场环境:远离磁场干扰源,如变压器、电动机等。场地应尽量避免磁性材料的使用,以减少磁场的影响。

(3)射频环境:远离射频干扰源,如无线电发射器、通信设备等。场地应具备较低的射频噪声水平,以确保测试信号的稳定性和准确性。

2. 设备布置及系统架设

(1)测试设备:按照测试要求和规范,将测试设备合理布置在场地内,确保设备之间的距离足够,并避免相互干扰,如图 3-6 所示。

（2）隔离措施：对于敏感设备，应采取适当的隔离措施，如屏蔽箱、隔离间等，以防止外部干扰的影响。

（3）电源管理：确保测试设备的电源供应稳定可靠，使用滤波器和稳压器等设备，以减少电源谐波对测试的干扰，如图 3-7 所示。

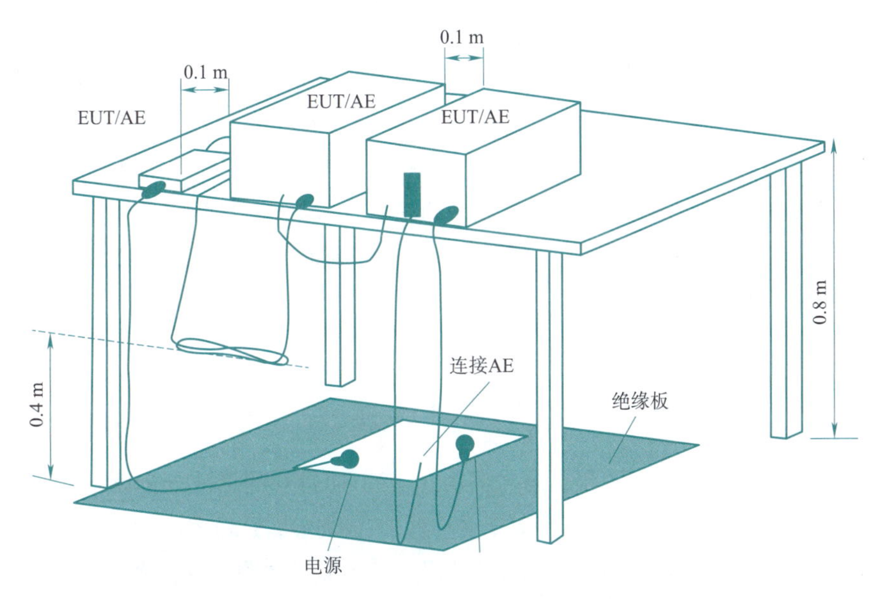

图 3-6　谐波电流测试场地布置

注：EUT/AE 表示模拟环境中的待测产品。

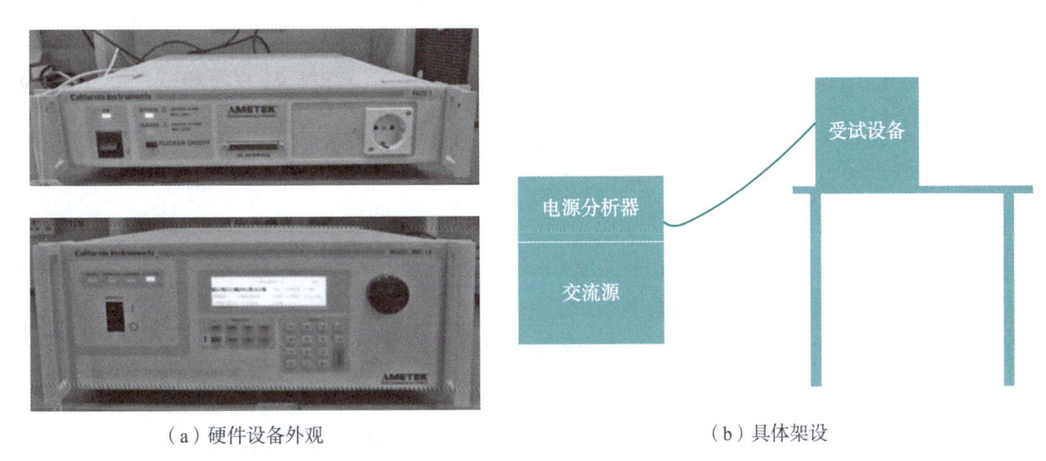

（a）硬件设备外观　　（b）具体架设

图 3-7　谐波电流测试系统架设

3. 辐射源布置

（1）谐波辐射源：根据测试要求，选择适当的谐波辐射源并合理布置，确保测试范围和辐射强度满足要求。

（2）辐射源位置：辐射源应与测试设备的位置相对应，确保辐射信号能够充分覆盖受试设备，并减少非目标辐射。

（3）距离和方向：辐射源与受试设备之间的距离和方向应根据测试要求确定，以确保测试的准确性和可重复性。

视频

闪烁谐波设备接线

4. 环境监测和控制

(1)电磁辐射监测:在测试过程中,应设置适当的电磁辐射监测设备,监测测试场地的电磁辐射水平,以确保测试的有效性。

(2)温度和湿度控制:保持场地内的温度和湿度在合适的范围内,以减少环境因素对测试结果的影响。

(3)噪声控制:对于噪声敏感的测试设备,应采取相应的噪声控制措施,以确保测试环境的安静。

谐波电磁兼容测试场地布置的合理性对于保证测试结果的准确性和可重复性至关重要。正确选择场地、合理布置设备和辐射源,进行环境监测和控制,可以最大限度减少外界干扰对测试的影响,提高测试的可靠性和有效性。同时,在测试报告中应详细记录场地布置和控制措施,以便其他人员能够准确复现测试环境。

三、测试方法及步骤

1. 测试方法

变频器、整流器等的输出波形可能含有较高次的谐波,而常规的谐波分析设备主要适用电网谐波分析,谐波分析次数一般在40次以下。对于变频器、整流器而言,其谐波分布与电网不同,电网谐波主要为低次谐波,而变频器的谐波主要为集中在载波频率整数倍附近的高次谐波。

瞬时功率理论是最适合有源电力滤波器对谐波进行实时检测的方法。

方法一:采用低通滤波器(LPF)滤波方式得出基波电流分量,然后与被检测电流相减,最终得出谐波电流分量。

方法二:直接使用高通滤波器(HPF)来得到谐波电流分量,而不再需要与被检测电流相减,从而使检测装置得到进一步简化。

方法三:直接测量含谐波的电流,通过傅里叶变换得到基波电流和谐波电流,既满足了谐波补偿的需要,还可计算基波的相位,方便进行无功补偿。

2. 测试步骤

(1)仪器和设备接线:主要是谐波分析仪、交流电源和控制台。

(2)设置测试频段:2次至40次谐波,即100 Hz~2 kHz。

(3)设置测试限值:根据产品的分类有不同限值;基于不同的短路比(R_{SCe})有不同限值。

(4)控制方法选择:谐波标准不同于其他标准,它对产品控制方法的设计有所要求,对供电电源进行非对称控制及半波整流是不允许的,除非满足下列条件之一:是检测不安全状况唯一可用方法、被控制部分功率小于或等于100 W、被控制设备是两芯软线供电并且短时使用;只允许使用对称控制方法,针对发热元件的对称控制方法只能用于专业设备中,并且前提是该专业设备的主要目的不是用于加热。

(5)测试过程:首先确定设备的分类,在谐波分析软件中选择分类,设定测量时间(测量时间需要足够长以满足测试可重复性的要求,一般默认是2.5 min)。选择合适的工作方式使之产生最大谐波电流。谐波分析软件会根据采样电流算出各次谐波电流的大小,并与限值比较得出测试结果。根据不同设备类型(单相、平衡三相等)选择限值与实际测量得到的设备产生的各次谐波电流、总谐波畸变率(THD)、加权谐波畸变率(PWHD)几个参数作比较。

3. 测试软件

测试软件采用 CTS 3.0，谐波电流参数设置如图 3-8 所示，谐波电流测试波形如图 3-9 所示。

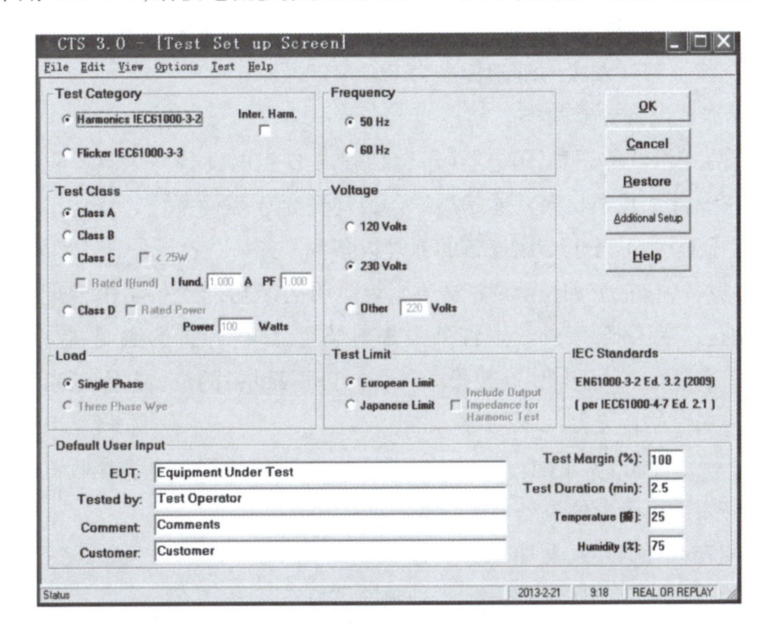

图 3-8　谐波电流参数设置

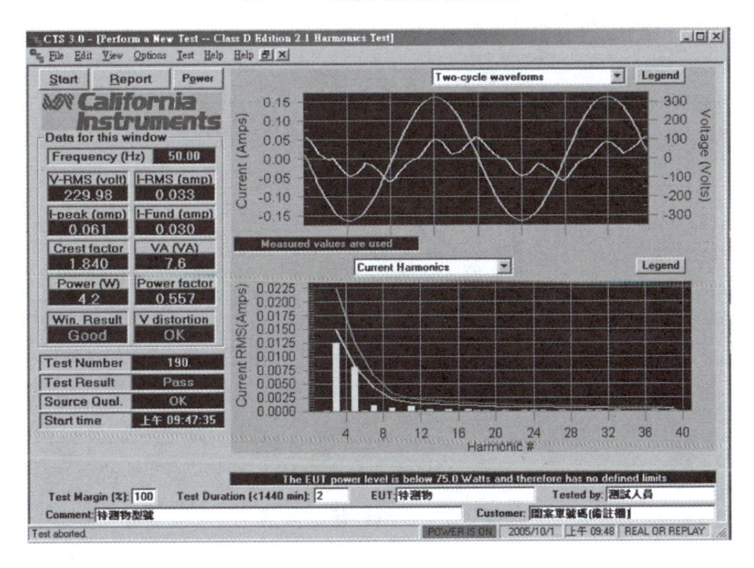

图 3-9　谐波电流测试波形显示

四、测试法规要求

为了保障电网质量，我国相继公布了两个标准：GB 17625.1《电磁兼容　限值　第 1 部分：谐波电流发射限值(设备每相输入电流≤16 A)》及 GB/T 17625.2《电磁兼容　限值　对每相额定电流≤16 A 且无条件接入的设备在公用低压供电系统中产生的电压变化、电压波动和闪烁的限制》(这两个标准分别等同于 IEC 61000-3-2 和 IEC 61000-3-3)。其中，GB 17625.1 标准已经在强制性产品认证中的许多产品中执行了。

在低压供电设备范畴内，涉及的产品标准有：IEC 61000-3-2（额定电流小于 16 A）；IEC 61000-3-4（额定电流大于 16 A）；IEC 61000-3-12（额定电流大于 16 A 小于 75 A）。对应的 EN 标准中只有 EN 61000-3-2 和 EN 61000-3-12 列入了欧盟 EMC 协调标准的官方公报中，因此对于大于 75 A 的设备没有相应的协调标准，涉及测试方法的基础标准为 IEC 61000-4-7。

GB 17625.1 标准把设备分成四类。

(1) A 类：平衡的三相设备，即家用电器（不包括归入 D 类的设备）；工具（不包括便携式工具）；白炽灯调光器；音频设备。凡未归入其他三类设备的均视为 A 类设备。

(2) B 类：便携式工具、不属于专用设备的弧焊设备。

(3) C 类：照明设备（包括灯和灯具；主要功能为照明的多功能设备中的照明部分；放电灯的镇流器和白炽灯的独立式变压器，紫外线或红外线辐射装置，广告标识的照明；除白炽灯的灯光调节器）。但照明设备不包括装在复印机、高架投影仪、幻灯机等设备的灯，或用于刻度照明及指示照明的装置，也不包括白炽灯的调光器。

(4) D 类：功率不大于 600 W 的个人计算机、个人计算机显示器及电视接收机。

另外，还有一些无适用限值的设备：

(1) 额定功率≤75 W 的设备，照明设备除外。

(2) 总额定功率 >1 kW 的专用设备（如专业舞台音响）。

(3) 额定功率≤1 kW 的白炽灯独立调光器。

A 类、C 类、D 类设备限值见表 3-1 ~ 表 3-3。

表 3-1　A 类设备的限值

谐波次数（奇次）	最大允许谐波电流/A	谐波次数（偶次）	最大允许谐波电流/A
3	2.30	2	1.08
5	1.14	4	0.43
7	0.77	6	0.30
9	0.40	$8 \leqslant n \leqslant 40$	$0.23 \times 8/n$
11	0.33		
13	0.21		
$15 \leqslant n \leqslant 39$	$0.15 \times 15/n$		

注：表中 n 表示谐波次数。

表 3-2　C 类设备的限值

谐波次数 n	基波频率下输入电流百分数表示的最大允许谐波电流/%
2	2
3	$30 \times \lambda^n$
5	10
7	7
9	5
$11 \leqslant n \leqslant 39$（仅有奇次谐波）	3

注：λ 是电路的功率因数。

表 3-3　D 类设备的限值

谐波次数 n	每瓦允许的最大谐波电流/(mA/W)	最大允许谐波电流/A
3	3.4	2.30
5	1.9	1.14
7	1.0	0.77
9	0.5	0.40
11	0.35	0.33
$11 \leq n \leq 39$(仅有奇次谐波)	$3.85/n$	见表 3-1

B 类设备限值(便携式工具)。各次谐波不应超过上面 A 类设备给出值的 1.5 倍。

C 类设备的限值(照明设备),如图 3-10 所示,图中 I_{p+} 为峰值电流,$I_{p(abs)}$ 为峰值电流绝对值。

(1)有功输入功率 >25 W 的照明设备,不应超过表 3-2 给出的限值。

(2)有功输入功率≤25 W 的照明设备,应符合下列两项要求之一:

①不超过 D 类限值给出的第 2 栏中与功率相关的限值。

②3 次谐波电流:≤86% 基波电流

5 次谐波电流:≤61% 基波电流

输入电流波形应:在 60°或之前达到电流阈值,在 65°或之前出现峰值,在 90°之前不能降低到电流阈值以下。

注意:电流阈值等于在测量窗口内出现的最高绝对峰值的 5%。

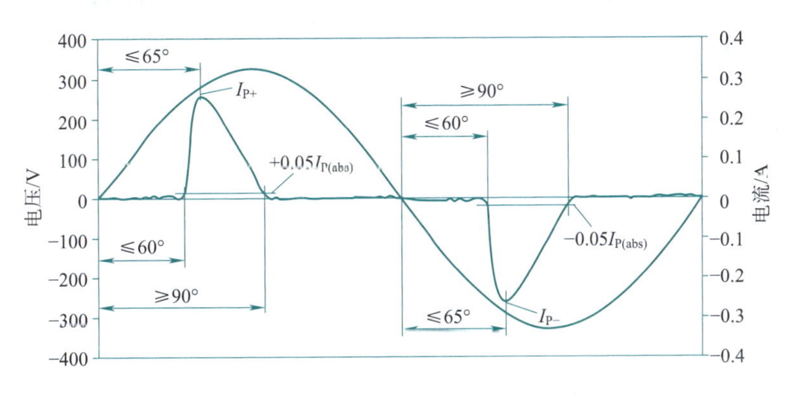

图 3-10　C 类功率≤25 W 的照明设备

五、测试结果及数据判定

谐波测试是评估电子设备在谐波频率下的兼容性能的重要环节。测试结果的准确评估和数据判定对于判断设备是否符合相关标准和规范具有重要意义。下面将介绍谐波测试结果的评估、数据判定的基本原则和方法。

1. 测试报告概述

(1)报告内容:测试报告应包含测试所用的标准、测试方法、测试设备、测试环境和测试过程的详细描述。

（2）数据记录：对于每次测试，应记录测试设备的型号、测试参数、测试时间等重要信息，以确保数据的完整性和可追溯性。

2. 数据分析

（1）谐波频率分析：对于谐波测试中获得的数据，首先进行频率分析，确定谐波频率的存在和强度。

（2）谐波幅度测量：对于谐波信号，进行幅度测量，包括峰值、有效值等参数的计算。

（3）频率响应分析：对于设备在不同谐波频率下的响应情况进行分析，包括幅度响应和相位响应等。

3. 数据判定方法

（1）阈值比较法：将测试数据与预先设定的阈值进行比较，如果测试数据超过或低于阈值，则可判定为不合格。

（2）相位比较法：对于相位响应，与标准相位进行比较，判断设备是否满足相位要求。

视 频

谐波测试

（3）统计分析法：对于多次测试数据，进行统计分析，计算平均值、标准差等，以确定测试结果的可靠性。

4. 数据判定结果

谐波电流数据结果判定分为合格判定和不合格判定，其中，谐波电流测试波形如图 3-11 所示，谐波电流测试结果如图 3-12 所示。

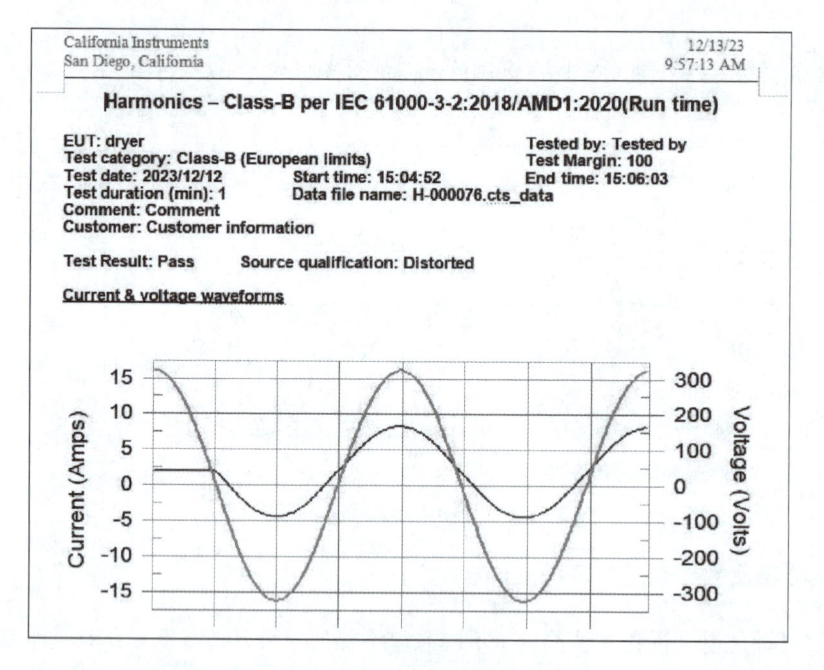

图 3-11 谐波电流测试波形

（1）合格判定：当测试数据符合预先设定的标准和规范时，可判定为合格。在测试报告中明确注明合格结果。

Current Test Result Summary (Run time)

EUT: dryer　　Tested by: Tested by
Test category: Class-B (European limits)　　Test Margin: 100
Test date: 2023/12/12　　Start time: 15:04:52　　End time: 15:06:03
Test duration (min): 1　　Data file name: H-000076.cts_data
Comment: Comment
Customer: Customer information

Test Result: Pass　　Source qualification: Distorted
THC(A): 0.223　　I-THD(%): 5.1　　POHC(A): 0.002　　POHC Limit(A): 0.377

Highest parameter values during test:
V_RMS (Volts): 228.95　　Frequency(Hz): 50.00
I_Peak (Amps): 8.381　　I_RMS (Amps): 4.661
I_Fund (Amps): 4.370　　Crest Factor: 2.726
Power (Watts): 1000.3　　Power Factor: 1.000

Harm#	Harms(avg)	100%Limit	%of Limit	Harms(max)	150%Limit	%of Limit	Status
2	0.208	1.620	12.8	0.968	2.430	39.8	Pass
3	0.058	3.450	1.7	0.066	5.175	1.3	Pass
4	0.041	0.645	6.3	0.187	0.968	19.3	Pass
5	0.027	1.710	1.6	0.031	2.565	1.2	Pass
6	0.017	0.450	N/A	0.075	0.675	N/A	Pass
7	0.013	1.155	N/A	0.015	1.733	N/A	Pass
8	0.009	0.345	N/A	0.039	0.518	N/A	Pass
9	0.005	0.600	N/A	0.006	0.900	N/A	Pass
10	0.006	0.276	N/A	0.024	0.414	N/A	Pass
11	0.001	0.495	N/A	0.003	0.743	N/A	Pass
12	0.004	0.230	N/A	0.016	0.345	N/A	Pass
13	0.002	0.315	N/A	0.003	0.473	N/A	Pass
14	0.003	0.197	N/A	0.011	0.295	N/A	Pass
15	0.002	0.225	N/A	0.003	0.338	N/A	Pass
16	0.002	0.173	N/A	0.009	0.260	N/A	Pass
17	0.001	0.199	N/A	0.002	0.299	N/A	Pass
18	0.002	0.153	N/A	0.007	0.230	N/A	Pass
19	0.001	0.178	N/A	0.001	0.267	N/A	Pass
20	0.002	0.138	N/A	0.007	0.207	N/A	Pass
21	0.001	0.161	N/A	0.004	0.241	N/A	Pass
22	0.001	0.125	N/A	0.006	0.188	N/A	Pass
23	0.001	0.147	N/A	0.001	0.221	N/A	Pass
24	0.001	0.115	N/A	0.005	0.173	N/A	Pass
25	0.001	0.135	N/A	0.001	0.203	N/A	Pass
26	0.001	0.106	N/A	0.004	0.159	N/A	Pass
27	0.001	0.125	N/A	0.001	0.188	N/A	Pass
28	0.002	0.099	N/A	0.004	0.149	N/A	Pass
29	0.001	0.116	N/A	0.001	0.174	N/A	Pass
30	0.003	0.092	N/A	0.005	0.138	N/A	Pass
31	0.001	0.110	N/A	0.001	0.164	N/A	Pass
32	0.002	0.086	N/A	0.005	0.129	N/A	Pass
33	0.000	0.102	N/A	0.001	0.153	N/A	Pass
34	0.002	0.081	N/A	0.003	0.122	N/A	Pass
35	0.000	0.096	N/A	0.001	0.144	N/A	Pass
36	0.002	0.077	N/A	0.003	0.116	N/A	Pass
37	0.000	0.092	N/A	0.001	0.137	N/A	Pass
38	0.001	0.073	N/A	0.003	0.110	N/A	Pass
39	0.000	0.087	N/A	0.001	0.131	N/A	Pass
40	0.001	0.069	N/A	0.002	0.104	N/A	Pass

图 3-12　谐波电流测试结果

（2）不合格判定：当测试数据超过或低于设定的阈值，或存在相位偏差等不符合要求的情况时，可判定为不合格。在测试报告中详细描述不合格现象，并提供改进措施。

视　频

谐波测试-生成报告

5. 数据判定的误差和可靠性评估

1）测量误差

测试过程中可能存在的测量误差，应在测试报告中进行说明，并提供相应的误差范围。

2）可靠性评估

为提高数据判定的可靠性，建议进行多次测试，并对测试结果进行统计分析，计算可靠性指标，如置信度等。

谐波测试结果的准确评估和数据判定对于评估设备的谐波兼容性能具有重要意义。通过合适的判定方法和准则，结合数据分析和统计，可以有效地判断测试结果的合格性，并提供改进措施以解决不合格问题。在测试报告中应清晰、准确地描述测试结果，并提供改进建议，以确保设备的谐波兼容性能符合相关标准和规范。

任务决策

任务一　课前任务决策单

一、学习指南

1. 任务名称

谐波测试

2. 达成目标

3. 学习方法建议

4. 课前预习心得

二、学习任务

学习任务	学习过程	学习建议
子任务1：明确任务	明确学习任务，查找资料，填写课前任务决策单	阅读相关知识，查看资料，独立思考。初步感知，为下一步的学习和思考奠定基础
子任务2：课前预习	课前预习疑问： (1)＿＿＿＿＿＿ (2)＿＿＿＿＿＿ (3)＿＿＿＿＿＿	可以围绕以上问题展开研究，也可以自主确立想研究的问题

任务实施

任务一　课中任务实施单

一、学习指南

1. 任务名称

谐波测试

2. 达成目标

3. 学习方法建议

4. 熟悉仪器设备操作手册

二、任务实施

任务实施	实施过程	学习建议
子任务3： 分组讨论 分工合作	（1）谐波测试仪器的架设。 （2）谐波测试软件的操作。 （3）谐波测试天线极性的设置。 （4）频谱仪或接收器测试点的设置	（1）就你最感兴趣的问题，寻找同伴形成小组进行研究，可单人研究一个主题。 （2）关于小组合作，提出几点建议： ①合理分工，发挥长处。 ②互帮互助，团结协作。 ③虚心学习，取长补短。 （3）登录超星平台搜索“电磁兼容检测技术与应用”课程。 提醒：信息庞杂一定要注意筛选与整理
子任务4： 数据判定 成果展示	（1）谐波测试数据记录及结果判定。 （2）仪器设备图片展示。包括信号分析仪、人工电源网络。 （3）谐波测试内容展示	登录学习通课程网站，完成拓展任务：对 Wi-Fi 进行谐波测试

评价总结

任务一　课后评价总结单

一、评价

1. 学习成果

2. 自主评价

3. 学后反思

二、总结

<table>
<tr><th>项　　目</th><th>学习过程</th><th>学习建议</th></tr>
<tr><td>展示交流
研究成果</td><td>(1)仪器设备展示的方式:________
(2)谐波测试内容展示的方式:________</td><td>作品呈现方式建议:
PPT、视频、图片、照片、文稿、手抄报、角色表演的录像等。
学习成果的分享方式:
(1)将学习成果上传超星平台;
(2)手机、电话、微信等交流</td></tr>
<tr><td>多方对话
自主评价</td><td><table>
<tr><th>项　　目</th><th>优</th><th>良</th><th>中</th><th>及格</th><th>不及格</th></tr>
<tr><td>按时完成任务</td><td></td><td></td><td></td><td></td><td></td></tr>
<tr><td>搜索整理信息能力</td><td></td><td></td><td></td><td></td><td></td></tr>
<tr><td>小组协作意识</td><td></td><td></td><td></td><td></td><td></td></tr>
<tr><td>汇报展示能力</td><td></td><td></td><td></td><td></td><td></td></tr>
<tr><td>创新能力</td><td></td><td></td><td></td><td></td><td></td></tr>
</table></td><td>(1)评价自我学习成果,评价其他小组的学习成果;
(2)评价方式:
优:四颗星;
良:三颗星;
中:两颗星;
及格:一颗星</td></tr>
<tr><td>学后反思
拓展思考</td><td>总结学习成果:
(1)我收获的知识:________
(2)我提升的能力:________
(3)我需要努力的方面:________</td><td>总结过后,可以登录超星平台,挑战一下“拓展思考”,在讨论区发表自己的看法</td></tr>
</table>

任务二 电压闪烁测试(flicker)

相关知识

电压闪烁测试主要测量受试设备引起的电网电压变化。电压变化产生的干扰影响不仅仅取决于电压变化的幅度，还取决于它发生的频度。电压变化通常用两类指标来评价，即电压波动与闪烁。

电压波动主要反映在电网上突然有较大的电压变动，一般说来，它对闪烁测量的影响很小，但是对同一电网中其他设备特别是电子设备的影响可能是很大的。市电系统作为公共电网，上面连接了成千上万各式各样的负载，其中一些较大的感性元件、容性元件、开关电源等负载不仅从电网中获得电能，还会反过来对电网本身造成影响，恶化电网或局部电网的供电品质，造成市电电压波动。

电压闪烁是由用电负荷急剧波动所引起的电压波动，使白炽灯的光通量急剧变动，引起灯光闪烁，给人的视觉造成不适。电压闪烁示意图如图 3-13 所示。闪烁测量则可以精确评定连续电压波动的影响，它可以反映人类肉眼对产生随时间变化的光刺激引起的不稳定视觉效果。

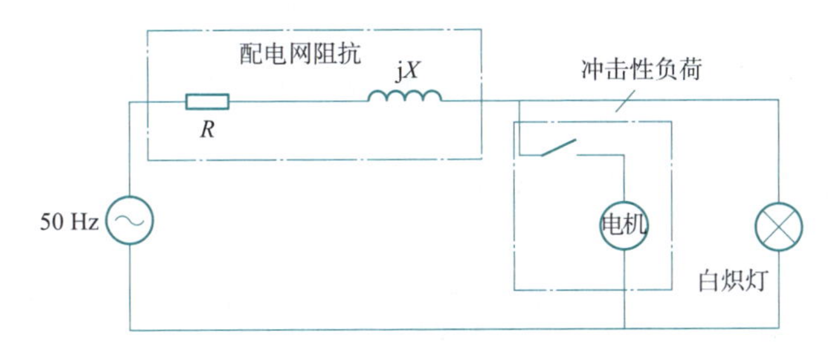

图 3-13　电压闪烁

一、电压闪烁产生的原因及危害

1. 电压闪烁产生的原因

（1）系统发生短路故障，引起电压波动。

（2）系统设备自动投切时产生操作波的影响，如备用电源自动切换、自动合闸等。

（3）系统遭受雷击引起的电网电压波动等。

2. 电压闪烁的危害

（1）照明灯光闪烁，引起人的视觉不适和疲劳，影响工效。

（2）电视机画面亮度变化，垂直和水平幅度摇动，导致视觉疲劳。

（3）电动机转速不均匀，影响产品质量。

案例 1　电弧炉、轧钢机等大功率用电器在运行过程中会引起电网的电压波动。电机在启动时会产生冲击电流，出现冲击电流时，共用配电网的阻抗会使分压增加，从而导致电压下降，电压下降会导致白炽灯的亮度下降。即使很小的电压变动，亮度变化也会很大。

二、测试方法及步骤

由电压波动造成灯光的闪烁，其专业术语称为闪变，有时也称为电压闪变（voltage flicker）。因此说，闪变是电压波动引起的有害结果，是指人对照度波动的主观视感，它不属于电磁现象，严格讲用电压闪变这一术语从概念上是混淆的。

1. 闪变觉察率 *F*（%）

根据 IEC 推荐的实验条件，采用不同波形、频度、幅值的调幅波，工频电压为载波向 230 V、60 W 白炽灯供电照明，并对观察者的闪变视感实验进行统计可得到有明显觉察和难以忍受者的数量占观察者总数量的比，即

$$F = \frac{C + D}{A + B + C + D} \times 100\%$$

式中，A 指没有觉察的人数；B 指略有觉察的人数；C 指有明显觉察的人数；D 指难以忍受的人数。

如果该比值超过 50%，说明半数以上的观察者有明显的或难以忍受的视觉反应，若把 F（%）大于 50% 定为闪变限值，则对应的电压变动值为该实验条件下电压波动允许值。

2. 瞬时闪变视感度 *S*(*t*)

为表示人对照度波动的瞬时主观视觉反应，常用闪变强弱的瞬时值变化来描述，称为瞬时闪变视感度 $S(t)$。

它是电压波动的频度、波形、大小等综合作用的结果，其随时间变化的曲线是对闪变评估衡量的依据。

通常规定 $F = 50\%$ 为瞬时闪变视感度的衡量单位，对应为 $S = 1$ 觉察单位，换言之，若 $S > 1$（觉察单位）为闪变不允许值。

> **注意**：$S > 1$（觉察单位）对应有电压波动限定值，但表现为非线性多元关系，一般不能简单地用波动值等效表示。

3. 视感度系数 *K*(*f*)

通过闪变实验研究，还可得到人的视觉对照度波动的频率特性，可概括为（此时以调制波的频率为单位给出，它是波动频次的 1/2）

①闪变的觉察频率范围：1～25 Hz。

②闪变的最大觉察频率范围：0.05～35 Hz，其上下限值称为截止频率，上限值又称停闪频率。

③闪变的敏感频率范围：6～12 Hz。

④闪变的最大敏感频率：8.8 Hz。

⑤为了认识电压波动引起的人对照度波动的频率特性，引入了视感度系数 $K(f)$，它是在觉察单位下，最小电压波动值与各频度电压变动值的比。

$$K(f) = \frac{S = 1\text{ 视觉单位的 8.8 Hz 正弦电压波动（\%）}}{S = 1\text{ 视觉单位的正弦电压波动（\%）}}$$

4. 波形因数 *R*(*f*)

不同波形的调幅波引起的闪变效果也不同。对两种典型波动电压做比较，给出波形因数表达式为

$$R(f) = \frac{S = 1\text{ 视觉单位的正弦电压波动（\%）}}{S = 1\text{ 视觉单位的矩形电压波动（\%）}}$$

5. 电压波动

$$d_c = \frac{\Delta U_c}{U_N} \times 100\% \tag{3-1}$$

$$d_d = \frac{\Delta U_d}{U_N} \times 100\% \tag{3-2}$$

$$d_{max} = \frac{\Delta U}{U_N} \times 100\% \tag{3-3}$$

式中，d_c为相对稳态电压变动值；d_d为相对动态电压变动值；d_{max}为相对最大电压变动值。

IEC 相关标准规定：d_c不超过 3%；d_d超过 3% 的持续时间小于 200 ms，d_{max}不超过 4%。电压波动示意图如图 3-14 所示。

周期性矩形电压变动的单位闪变曲线如图 3-15 所示，电压闪烁测试软件设置如图 3-16 所示。

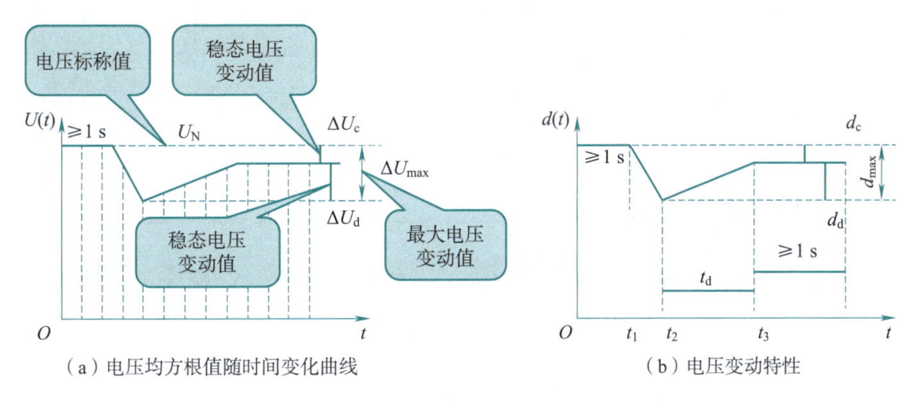

图 3-14　电压波动示意图

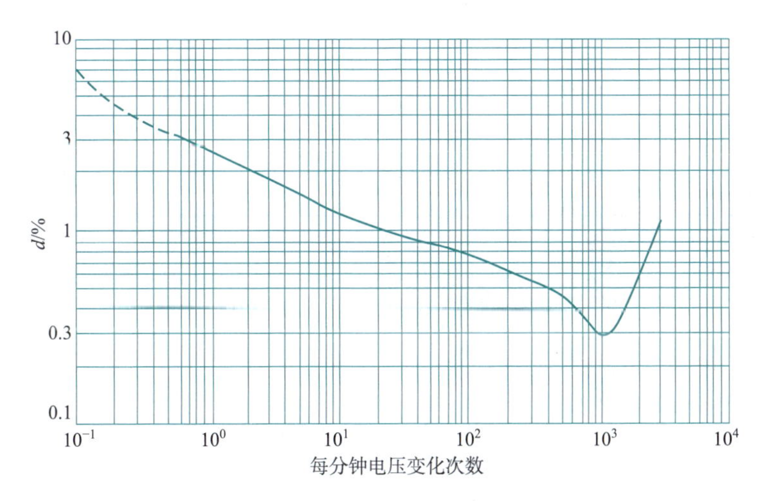

图 3-15　周期性矩形电压波动的单位闪变曲线

三、测试法规要求

1. 电压波动

任何一个波动负荷用户在电力系统公告连接点产生的电压变动，其限值和电压波动频度、电压等级有关。对于电压变动频度较低(例如 $r \leqslant 1\ 000$ 次/h)或规则的周期性电压波动,可通过测量电压均方根值曲线 $U(t)$ 确定其电压变动频度和电压变动值。电压波动限值见表 3-4。

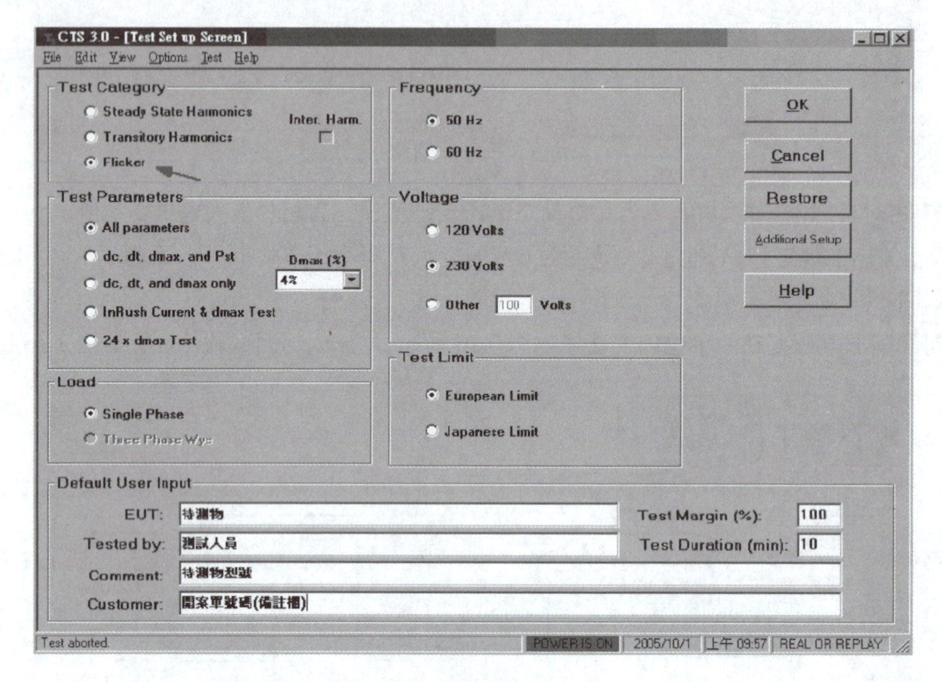

图 3-16　电压闪烁测试软件设置

表 3-4　电压波动限值

r/(次/h)	d/%	
	LV、MV	HV
$r \leqslant 1$	4	3
$1 < r \leqslant 10$	3*	2.5*
$10 < r \leqslant 100$	2	1.5
$100 < r \leqslant 1\ 000$	1.25	1

注:1. 很小的变动频度(每日少于 1 次),电压变动限值 d 还可以放宽,但不在电压闪烁测试标准中规定。

2. 对于随机性不规则的电压波动,如电弧炉负荷引起的电压波动,表中标有 * 的值为其限值。

3. 参照 GB/T 156—2007,电压闪烁测试标准中系统标称电压 U_N 等级按以下划分:

低压(LV):$U_N \leqslant 1$ kV。

中压(MV):1 kV $< U_N \leqslant 35$ kV。

高压(HV):35 kV $< U_N \leqslant 220$ kV。

对于 220 kV 以上超高压(EHV)系统的电压波动限值可参照高压(HV)系统执行。

2. 闪变

(1)闪变:灯光照度不稳定造成的视感。

(2)短期闪烁值 P_{st}:衡量短时间(若干分钟)内闪变强弱的一个统计量值。短期闪烁值的基本记录周期为 10 min。

(3)累积概率函数。其横坐标表示被测量值,纵坐标表示超过对应横坐标值的时间占整个测量时间的百分数。

(4)长期闪烁值 P_{lt}：由短期闪烁值 P_{st} 推算出，反映长时间（若干小时）闪变强弱的量值，长期闪烁值的基本记录周期为 2 h。

当电压波动是由人为开关引起的或发生率小于每小时 1 次时，不考虑 P_{st} 和 P_{lt}，电压波动的三项要求的限值可放宽到表 3-5 所示限值的 1.33 倍。

表 3-5　电压波动和电压闪烁限值

电压波动	限值
相对电压变化特性 $d(t)$	500 ms
最大相对电压变化 d_{max}	≤6%
相对稳定电压变化 d_c	≤3.3%
电压闪烁	限值
短期闪烁值 P_{st}	1.0
长期闪烁值 P_{lt}	0.65

不同标准电压闪烁限值对比见表 3-6。

表 3-6　不同标准电压闪烁限值对比

测试	限　值	
	EN 555-3	EN 61000-3-2
P_{st}	≤1.0，观察时间 $Tp=10$ min	≤1.0，$Tp=10$ min
P_{lt}	N/A	≤0.65，$Tp=2$h
d_c	≤3%	≤3%
d_{max}	≤4%	≤4%
$d(t)$	N/A	≤3% 或者 >200 ms

P_{st}：短时间闪烁严酷程度，测试时间为 10 min（$T_p=10$ min）。
P_{lt}：长时间闪烁严酷程度，等于 12 个 P_{st}（$T_p=120$ min）。
d_c：相对稳定电压变化。
d_{max}：最大相对电压变化。
$d(t)$：相对电压变化特性。

3. 电压闪变的测量和估算

电压闪烁测试指标示意图如图 3-17 所示。闪变是电压波动在一段时间内的累计效果，它通过灯光照度不稳定造成的视感来反映，主要由短期闪烁值 P_{st} 和长期闪烁值 P_{lt} 来衡量。长期闪烁值 P_{lt} 由测量时间段内包含的短期闪烁值 P_{st} 计算获得：

$$P_{lt}=\sqrt[3]{\frac{1}{12}\sum_{j=1}^{12}(P_{stj})^3} \tag{3-4}$$

式中，P_{stj} 为 2 h 内第 j 个短时间内闪变值。

各种类型电压波动引起的闪变均可采用标准 IEC 61000-4-15，使用闪变仪进行直接测量，这是闪变量值判定的基准方法。对于三相等概率的波动负荷，可以任意选取一相测量。

当负荷为周期性等间隔矩形波时，闪变可通过查询电压波动值 d 和频度值 r，利用 $P_{st}=1$ 曲线由 r 查出对应于 $P_{st}=1$ 时的电压变动 d_{Lmin}，计算出其短期闪烁值。

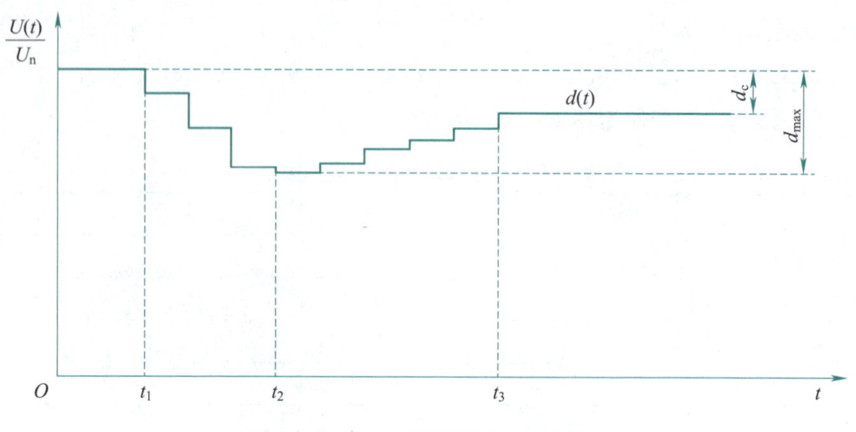

图 3-17　电压闪烁测试指标示意图

电压闪烁测试

四、测试结果及数据判定

电压闪烁测试是用于评估电力系统中电压的稳定性和波动性的测试。测试结果和数据的判定通常需要依赖于一些标准，以确保电力系统的运行处于安全和可接受的范围内。以下是一般性的测试结果和数据判定的步骤：

1. 收集数据

需要收集电压闪烁测试期间的数据。这通常包括记录一段时间内的电压值，通常以每秒几次的频率进行测量。这些数据可以通过专用的测量设备或监控系统来获取。

2. 数据分析

收集到的数据需要进行分析，以了解电压的波动情况。这可能包括计算各种电压参数，如均方根电压值、频率等。

3. 标准比较

将分析得到的数据与适用的标准进行比较。这些标准通常由电力监管机构或行业组织制定，以确保电压质量满足可接受的标准。

4. 数据判定

数据判定通常涉及以下几方面：

(1)电压波动等级：根据相关标准，电压波动通常分为不同的等级，如短时波动、长时波动和瞬时波动。根据数据分析，确定电压波动的等级。

(2)合格性评估：将数据与标准中规定的阈值进行比较，以确定是否符合要求。如果数据在规定的范围内，系统通常被视为合格。

(3)异常情况：如果数据显示电压波动超出了规定的限值，需要进一步调查，以确定可能的原因。这可能需要采取纠正措施，如升级电力设备或调整电力系统操作。

(4)报告：测试结果和数据判定通常需要记录在报告中，以备将来参考。报告可包括测试日期、测试地点、使用的仪器和方法、分析结果和建议的纠正措施。

电压闪烁测试的结果和数据判定通常需要由电力工程师或专业人员进行，以确保电力系统的稳定性和可靠性。不同地区和国家可能有不同的标准，因此在进行测试和数据判定时，需要遵循当地的规定。

电压闪烁测试结果如图 3-18 所示，这是基于 EN/IEC 61000-3-3 进行的一次电压闪烁测试，针对的是所有参数，图中标明了测试起始时间，测试状态，V_{rms}值，P_{st}和P_{lt}测试限值，d_c值和d_{max}值，最后的测试结果为 Pass。

视频
电压闪烁测试-生成报告

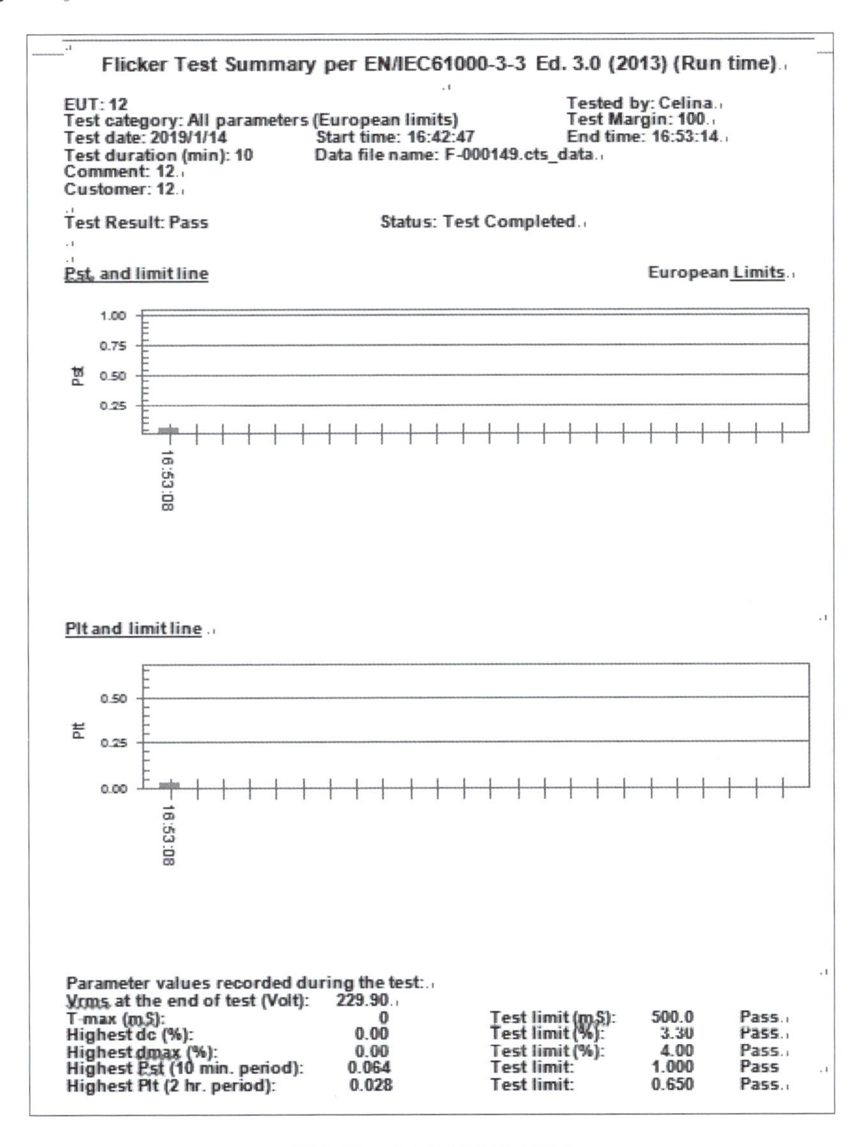

Flicker Test Summary per EN/IEC61000-3-3 Ed. 3.0 (2013) (Run time)

EUT: 12　　Tested by: Celina
Test category: All parameters (European limits)　　Test Margin: 100
Test date: 2019/1/14　　Start time: 16:42:47　　End time: 16:53:14
Test duration (min): 10　　Data file name: F-000149.cts_data
Comment: 12
Customer: 12

Test Result: Pass　　Status: Test Completed

Pst and limit line　　European Limits

Plt and limit line

Parameter values recorded during the test:

Parameter	Value	Limit	Limit value	Result
Vrms at the end of test (Volt):	229.90			
T-max (mS):	0	Test limit (mS):	500.0	Pass
Highest dc (%):	0.00	Test limit (%):	3.30	Pass
Highest dmax (%):	0.00	Test limit (%):	4.00	Pass
Highest Pst (10 min. period):	0.064	Test limit:	1.000	Pass
Highest Plt (2 hr. period):	0.028	Test limit:	0.650	Pass

图 3-18　电压闪烁测试结果

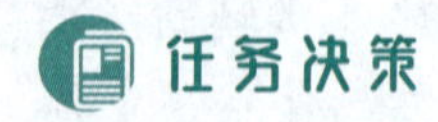

任务决策

任务二　课前任务决策单

一、学习指南

1. 任务名称

电压闪烁测试

2. 达成目标

3. 学习方法建议

4. 课前预习心得

二、学习任务

学习任务	学习过程	学习建议
子任务1：明确任务	明确学习任务，查找资料，填写课前任务决策单	阅读相关知识，查看资料，独立思考。初步感知，为下一步的学习和思考奠定基础
子任务2：课前预习	课前预习疑问： （1）________ （2）________ （3）________	可以围绕以上问题展开研究，也可以自主确立想研究的问题

任务实施

任务二　课中任务实施单

一、学习指南

1. 任务名称

电压闪烁测试

2. 达成目标

3. 学习方法建议

4. 熟悉测试仪器设备

二、任务实施

任务实施	实施过程	学习建议
子任务3： 分组讨论 分工合作	(1)电压测试仪器的架设。 (2)电压闪烁测试软件的操作。 (3)电压测试交流电源的架设。 (4)电压测试功率分析仪的操作	(1)就你最感兴趣的问题，寻找同伴形成小组进行研究，可单人研究一个主题。 (2)关于小组合作，提出几点建议： ①合理分工，发挥长处。 ②互帮互助，团结协作。 ③虚心学习，取长补短。 (3)登录超星平台搜索“电磁兼容检测技术与应用”课程。 提醒：信息庞杂一定要注意筛选与整理
子任务4： 数据判定 成果展示	(1)电压测试数据记录及结果判定。 (2)仪器设备图片展示。包括信号分析仪、人工电源网络。 (3)电压测试内容展示	登录学习通课程网站，完成拓展任务：对灯泡进行电压测试

评价总结

任务二　课后评价总结单

一、评价

1. 学习成果

2. 自主评价

3. 学后反思

二、总结

<table>
<tr><th>项　　目</th><th>学习过程</th><th>学习建议</th></tr>
<tr><td>展示交流
研究成果</td><td>(1)仪器设备展示的方式:________
(2)电压测试内容展示的方式:________</td><td>作品呈现方式建议:
PPT、视频、图片、照片、文稿、手抄报、角色表演的录像等。
学习成果的分享方式:
(1)将学习成果上传超星平台;
(2)手机、电话、微信等交流</td></tr>
<tr><td>多方对话
自主评价</td><td><table><tr><th>项　　目</th><th>优</th><th>良</th><th>中</th><th>及格</th><th>不及格</th></tr><tr><td>按时完成任务</td><td></td><td></td><td></td><td></td><td></td></tr><tr><td>搜索整理
信息能力</td><td></td><td></td><td></td><td></td><td></td></tr><tr><td>小组协作意识</td><td></td><td></td><td></td><td></td><td></td></tr><tr><td>汇报展示能力</td><td></td><td></td><td></td><td></td><td></td></tr><tr><td>创新能力</td><td></td><td></td><td></td><td></td><td></td></tr></table></td><td>(1)评价自我学习成果,评价其他小组的学习成果;
(2)评价方式:
优:四颗星;
良:三颗星;
中:两颗星;
及格:一颗星</td></tr>
<tr><td>学后反思
拓展思考</td><td>总结学习成果:
(1)我收获的知识:________
(2)我提升的能力:________
(3)我需要努力的方面:________</td><td>总结过后,可以登录超星平台,挑战一下“拓展思考”,在讨论区发表自己的看法</td></tr>
</table>

巩固与提高

一、填空题

1. 电磁兼容（EMC）是一门工程学学科，在考虑印制电路板电磁兼容问题时，只要掌握基本 EMC 理论并能把复杂概念转换成简单的类推，就能了解如何避免发生________问题。

2. 电磁干扰三要素是干扰源、干扰传播途径和________。

3. 电磁兼容谐波测试主要分为________和________。

4. 最常见的电子设备危害不是由于直接雷击引起的，而是由于雷击发生时在电源和通信线路中感应的________引起。

5. 干扰能量的传播途径是耦合，干扰源是通过直接耦合、漏电耦合、公共阻抗耦合、________耦合、辐射耦合等五种耦合的方式将干扰施加于敏感设备的。

二、简答题

1. 对于我国的交流电网，基波频率为多少？

2. 对于一个 1 Hz 方波，它的基波频率和最大的谐波频率各为多少？

3. 为什么要对谐波电流进行测量？

4. 谐波测试要用到哪些仪器？

5. EN61000-3-2：2014 的限值分类是什么样的？

6. 请列出 B 类设备限值表格。

7. 一只 40 W 的 LED 灯,功率因数为 0.93,它的 3 次谐波限值是多少?

8. 一只 18 W 的 LED 吸顶灯,5 次谐波电流为基波电流的 50%,还需要什么条件才能满足谐波要求?

项目四 电磁抗扰度测试（EMS）

知识目标

1. 熟悉传导抗扰度测试的场地布置及法规要求；
2. 熟悉辐射抗扰度测试的场地布置及法规要求；
3. 熟悉静电抗扰度测试的场地布置及法规要求；
4. 熟悉瞬态脉冲抗扰度测试的场地布置及法规要求；
5. 熟悉工频磁场抗扰度测试的场地布置及法规要求；
6. 熟悉电压跌落抗扰度测试的场地布置及法规要求。

技能目标

1. 会传导抗扰度测试的方法及数据结果判定；
2. 会辐射抗扰度测试的方法及数据结果判定；
3. 会静电抗扰度测试的方法及数据结果判定；
4. 会瞬态脉冲抗扰度测试的方法及数据结果判定；
5. 会工频磁场抗扰度测试的方法及数据结果判定；
6. 会电压跌落抗扰度测试的方法及数据结果判定。

素质目标

1. 培养爱岗敬业、团队协作的精神；
2. 培养安全意识、操作规范；
3. 增强创新创意、职业素养；
4. 传播爱党、爱国、积极向上的正能量，培养科学精神。

任务一 传导抗扰度测试(CS)

相关知识

本节主要介绍国际标准 IEC 61000-4-6:2013，对应国家标准 GB/T 17626.6—2017《电磁兼容

试验和测量技术 射频场感应的传导骚扰抗扰度》的试验方法。

该标准所涉及的主要骚扰源是来自9 kHz～80 MHz频率范围内射频发射机产生的电磁场。该电磁场会作用于电气、电子设备的电源线、通信线和接口电缆等连接线路上，这些连接引线的长度可能与干扰频率的几个波长相当，因此，这些引线就变成被动天线，接受外界电磁场的感应，引线电缆就可以通过传导方式耦合外界干扰到设备内部（最终以射频电压和电流所形成的近场电磁骚扰到设备内部）对设备产生干扰，从而影响设备的正常运行。所以，该标准的目的主要是建立一个评估射频场感应的传导骚扰抗扰度性能的公共参考，为有关产品的专业技术委员会或用户和制造商提供基本参考。

一、测试设备及系统架设

1. 信号发生器

（1）能覆盖9 kHz～230 MHz的频段范围，能手动或自动扫描，扫描点的驻留时间以及测试的频率－步长可以编程控制。

（2）具备幅度调制功能（内调制或外调制），调制度80%±5%，调制频率为1×（1±10%）kHz的正弦波。

（3）信号发生器输出阻抗为50 Ω。

（4）信号发生器任何杂散谱线应至少比载波电平低15 dB。

（5）输出电平足够高，能覆盖试验电平。

2. 6 dB固定衰减器

（1）减小从功率放大器到网络的失配。

（2）具有足够额定功率。

3. 耦合和去耦装置

（1）将干扰信号很好地耦合到与受试设备相连的各种类型的电缆上。

（2）防止施加给受试设备的射频干扰电压影响不被测试的其他装置、设备或系统的其他电路。

（3）提供稳定的信号源阻抗。

4. 注入装置

注入装置有去耦网络注入方式和钳注入方式。去耦网络注入方式如图4-1所示。钳注入方式特别适合于对多芯电缆的试验。钳注入方式中，耦合和去耦功能是分开的，钳注入仅仅提供耦合，去耦功能是建立在辅助设备上的，也就是说辅助设备是耦合和去耦装置的一部分，如图4-2所示。其中钳注入装置包括电流钳和电磁钳。

二、测试方法及步骤

1. 测试方法

（1）受试设备应放在参考地平面上面0.1 m高的绝缘支架上。对于台式设备，参考接地板也可以放在试验桌上。所有与受试设备连接的电缆应放置于地参考平面上方至少30 mm的高度上，并且受试设备距任何金属物体至少0.5 m以上。

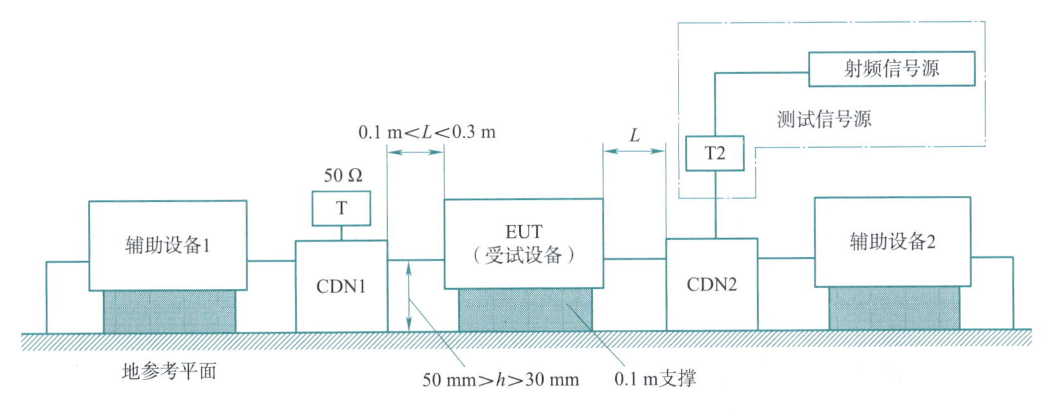

图 4-1　去耦网络注入方式

注：图中 T、T 2 表示特定的测试点。

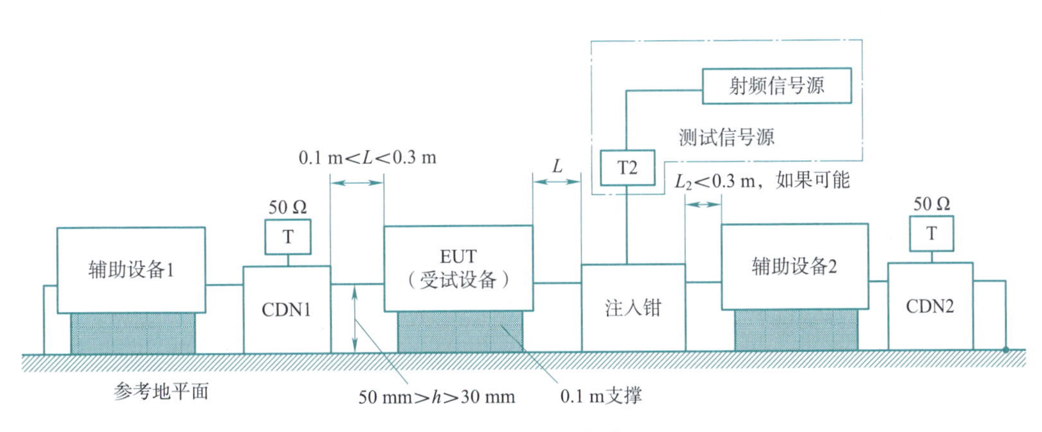

图 4-2　钳注入方式

（2）如果设备被设计为安装在一个面板、支架和机柜上，那么它应该在这种配置下进行测试。当需要用一种方式支撑测试样品时，这种支撑应由非金属、非导电材料构成。

（3）在需要使用耦合/去耦网络的地方，它们与受试设备之间的距离应在 0.1 ~ 0.3 m 之间，并与参考接地板相连。耦合和去耦装置与受试设备之间的连接电缆应尽可能短，不允许捆扎或盘成圈。

（4）对于受试设备其他的接地端子也应通过耦合/去耦网络与参考接地板相连接。

（5）对于所有的测试，受试设备与辅助设备之间电缆的总长度（包括任何所使用的耦合/去耦网络的内部电缆）不应超过受试设备制造商所规定的最大长度。

（6）如果受试设备有键盘或手提式附件，那么模拟手应放在键盘或者缠绕在附件上，并与参考接地板相连接。

（7）应根据产品委员会的规范，连接受试设备工作所要求的辅助设备，例如，通信设备、调制解调器、打印机、传感器等，以及为保证任何数据传输和功能评价所必需的辅助设备，这些设备均应通过耦合和去耦装置连接到受试设备上，如图 4-3 所示。

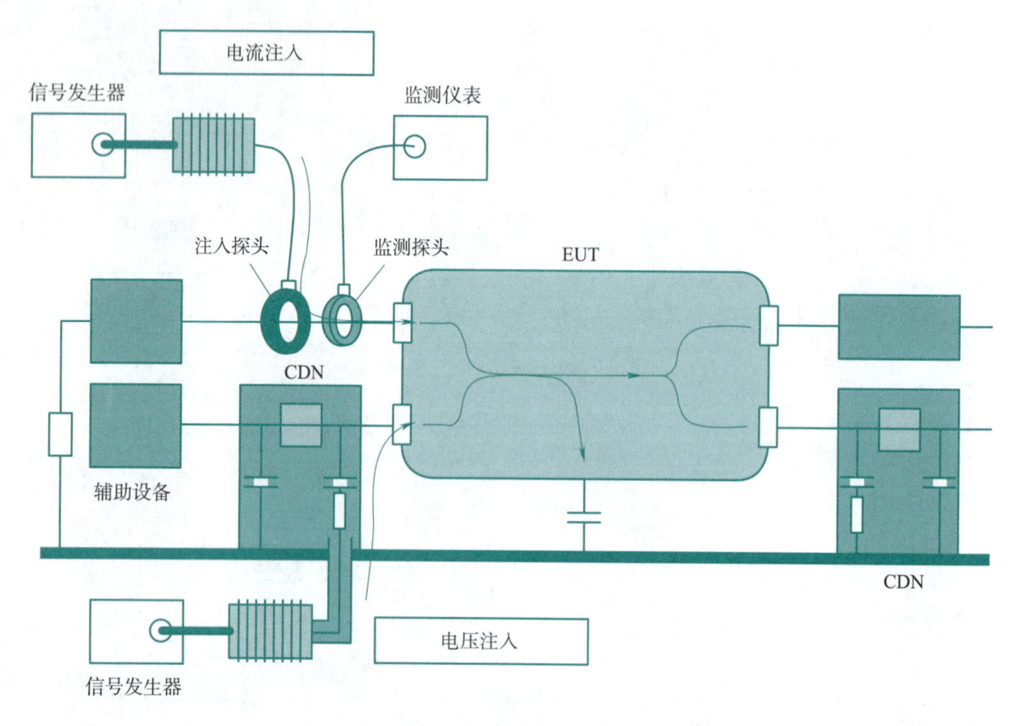

图 4-3　传导抗扰度测试

视频
CS测试-CDN和电磁钳

2. 测试步骤

(1)受试设备应在预期的运行和气候条件下进行测试。记录测试的环境温度和相对湿度。

(2)试验系统的校准。每次试验前应对试验系统进行校准,避免产生测试误差,确保系统满足必需的共模阻抗。

(3)依次将试验信号发生器连接到所选用的耦合装置上(耦合和去耦网络、电磁钳、电流注入探头)。

(4)根据要求设置试验电平的等级,扫频范围从 150 kHz 到 80 MHz 或 230 MHz,用 1 kHz 正弦波调幅,调制度为 80% 调制干扰信号电平。频率递增扫频时,步进尺寸不应超过先前频率值的 1%。在每个频率,幅度调制载波的驻留时间应不低于受试设备运行和响应的必要时间,但是最低不应低于 0.5 s。敏感的频率(例如时钟频率)应单独进行分析。

三、测试法规要求

在 9 kHz ~ 150 kHz 频率范围内,对来自射频发射机的电磁场所引起的感应骚扰不要求测量。

在 150 kHz ~ 80 MHz 频率范围内,对来自射频发射机的电磁场所引起的感应骚扰的抗扰度试验,应根据设备和电缆最终安装时所处电磁环境按表 4-1 选择相应的试验等级。

1 类:低电平辐射环境。无线电电台/电视台位于大于 1 km 的距离上的典型电平和低功率发射接收机的典型电平。

表 4-1　传导抗扰度测试试验等级

频率范围 150 kHz～80 MHz		
试验等级	电压(有效值)	
	U_0/dBμV	U_0/V
1	120	1
2	130	3
3	140	10
×	特定	

注：×是一个开放等级。

2 类：中等电磁辐射环境。用在设备邻近的低功率便携式发射接收机(典型额定值小于 1 W)，这是典型的商业环境。

3 类：严酷电磁发射环境。用于相对靠近设备，但距离小于 1 m 的手提式发射接收机(≥2 W)。用在靠近设备的高功率广播发射机和可能靠近工、科、医设备，这是典型的工业环境。

×类：×是由协商或产品规范和产品标准规定的开放等级。

对总尺寸小于 0.4 m，并且没有传导电缆(如电源线、信号线或地线)的设备，标准规定不需要进行此项试验。比如采用电池供电的设备，当它与大地或其他任何设备没有连接，并且不在充电时使用，则不需要做此项试验；但设备在充电期间也要使用，则必须做此项试验。

标准中规定频率范围为 150 kHz～80 MHz，但实际测试的频率范围可根据受试设备的情况分析后确定，当受试设备尺寸比较小时，试验频率最大可以扩展到 230 MHz。

四、测试结果及数据判定

1. 当满足共模阻抗要求时的钳注入的程序

当使用钳注入方式时，每一个用于钳注入的辅助设备应尽可能代表功能性安装条件。为了满足共模阻抗的要求，应采取以下措施：

(1)用于钳注入的每一个辅助设备应放置在距地参考平面 0.1 m 高度的绝缘支撑上。

(2)去耦网络应安装在辅助设备与受试设备之间的每一条电缆上，被测电缆除外。

(3)连接到每一个辅助设备的所有电缆，除了被连接到受试设备上的电缆，应为其提供去耦网络。

(4)连接到每个辅助设备的去耦网络(除了在受试设备和辅助设备之间的电缆上的网络)距辅助设备的距离不应超过 0.3 m。辅助设备与去耦网络之间的电缆或辅助设备与注入钳之间的电缆既不捆扎，也不盘绕，且应保持在高于地参考平面 30 mm 至 50 mm 的高度。

被测电缆一端是受试设备，另一端是辅助设备。可以连接多个耦合/去耦网络到受试设备和辅助设备；然而，在每个受试设备和辅助设备上只有一个耦合/去耦网络被端接 50 Ω 负载。

当使用多个注入钳时，每根电缆上的注入测试应一根接一根依次进行。被选择注入钳测试的电缆在没有测试的情况下也进行去耦处理。

2. 当不满足共模阻抗要求时的钳注入的程序

当使用钳注入方式时，如果在辅助设备一侧不满足共模阻抗要求(辅助设备的共模阻抗必须小

视频

CS测试-电磁钳2

于或等于受试设备的被测端口的共模阻抗),则必须在辅助设备端口采取措施(例如,使用CDN-M1或从辅助设备到地之间加150 Ω电阻或采用去耦电容),如图4-4所示。

(1)用钳注入的每个辅助设备和受试设备应尽可能接近实际运行的安装条件。例如,将被测设备连接到参考地平面上或者将其放在绝缘支架上。

(2)用附加的电流探头(具有低插入损耗)插入注入钳和受试设备之间,并监视由感应电压产生的电流。如果电流超过下面给出的短路电流 I_{max},试验信号发生器电平应一直减小到测量电流等于 $I_{max}=U_0/150\ \Omega$,其中,U_0 为试验报告中应记录施加的修正试验电压的电平值。

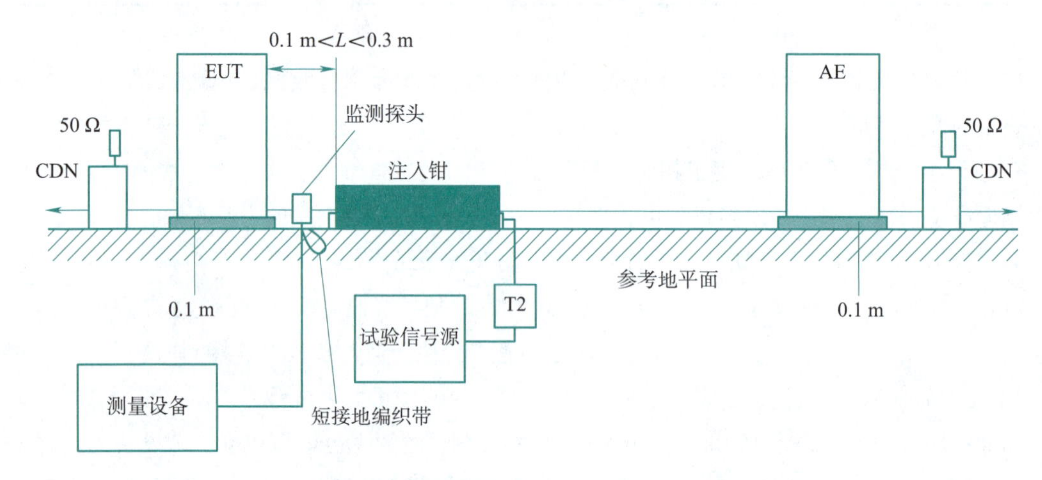

图4-4　不满足共模阻抗要求时的钳注入

3. 测试结果的评估

测试结果应该按照受试设备的性能降级和功能丧失来分类,与制造商和测试的需求方规定的性能水平有关,或由制造商与产品买方之间达成共识。推荐的分类如下:

(1)由生产商、需求方或买方规定的限制中的正常性能。

(2)干扰终止后暂时的性能降级和功能丧失,且直到受试设备恢复其正常性能,没有人为的干预。

(3)暂时的性能降级和功能丧失,需要人为干预。

(4)由于硬件或软件的损坏,或数据的丢失导致无法恢复的性能降级和功能丧失。

任务决策

任务一　课前任务决策单

一、学习指南

1. 任务名称

传导抗扰度测试

2. 达成目标

3. 学习方法建议

4. 课前预习心得

二、学习任务

学习任务	学习过程	学习建议
子任务1：明确任务	明确学习任务，查找资料，填写课前任务决策单	阅读相关知识，查看资料，独立思考。初步感知，为下一步的学习和思考奠定基础
子任务2：课前预习	课前预习疑问： （1）________ （2）________ （3）________	可以围绕以上问题展开研究，也可以自主确立想研究的问题

任务实施

任务一　课中任务实施单

一、学习指南

1. 任务名称

传导抗扰度测试

2. 达成目标

3. 学习方法建议

4. 熟悉测试仪器设备

二、任务实施

任务实施	实施过程	学习建议
子任务3： 分组讨论 分工合作	(1)传导抗扰度测试仪器的架设。 (2)电容耦合夹的操作。 (3)人工电源网络的架设。 (4)阻抗匹配网络的安装	(1)就你最感兴趣的问题，寻找同伴形成小组进行研究，可单人研究一个主题。 (2)关于小组合作，提出几点建议： ①合理分工，发挥长处。 ②互帮互助，团结协作。 ③虚心学习，取长补短。 (3)登录超星平台搜索“电磁兼容检测技术与应用”课程。 提醒：信息庞杂一定要注意筛选与整理
子任务4： 数据判定 成果展示	(1)CS测试数据记录及结果判定。 (2)仪器设备图片展示。包括信号分析仪、人工电源网络。 (3)辐射测试内容展示	登录学习通课程网站，完成拓展任务：对电源线进行CS测试

任务一　课后评价总结单

一、评价

1. 学习成果

2. 自主评价

3. 学后反思

二、总结

<table>
<tr><th>项　　目</th><th>学习过程</th><th>学习建议</th></tr>
<tr><td>展示交流
研究成果</td><td>（1）仪器设备展示的方式：________
（2）CS 测试内容展示的方式：________</td><td>作品呈现方式建议：
PPT、视频、图片、照片、文稿、手抄报、角色表演的录像等。
学习成果的分享方式：
（1）将学习成果上传超星平台；
（2）手机、电话、微信等交流</td></tr>
<tr><td>多方对话
自主评价</td><td><table>
<tr><th>项　　目</th><th>优</th><th>良</th><th>中</th><th>及格</th><th>不及格</th></tr>
<tr><td>按时完成任务</td><td></td><td></td><td></td><td></td><td></td></tr>
<tr><td>搜索整理
信息能力</td><td></td><td></td><td></td><td></td><td></td></tr>
<tr><td>小组协作意识</td><td></td><td></td><td></td><td></td><td></td></tr>
<tr><td>汇报展示能力</td><td></td><td></td><td></td><td></td><td></td></tr>
<tr><td>创新能力</td><td></td><td></td><td></td><td></td><td></td></tr>
</table></td><td>（1）评价自我学习成果，评价其他小组的学习成果；
（2）评价方式：
优：四颗星；
良：三颗星；
中：两颗星；
及格：一颗星</td></tr>
<tr><td>学后反思
拓展思考</td><td>总结学习成果：
（1）我收获的知识：________
（2）我提升的能力：________
（3）我需要努力的方面：________</td><td>总结过后，可以登录超星平台，挑战一下“拓展思考”，在讨论区发表自己的看法</td></tr>
</table>

任务二 辐射抗扰度测试(RS)

相关知识

射频辐射电磁场干扰是人们最早考虑的电磁干扰。早在1934年,国际电工委员会(IEC)成立了国际无线电干扰特别委员会(CISPR),主要研究骚扰对通信和广播接收效果的影响,并因此制定了一些产品类的电磁兼容标准,旨在限制这些设备的电磁骚扰的发射,以便实施对通信和广播的保护。真正把射频辐射电磁场作为对电子设备抗干扰能力的考核而写进电磁兼容抗扰度标准,是在1984年IEC的TC65委员会(研究工业过程测量与控制装置的专业委员会)出版的IEC 801-3标准中,它首次把射频辐射电磁场与静电放电等并列在一起,作为对电子设备抗扰度试验中最主要的几种试验方法。

射频辐射电磁场对设备的干扰往往是由设备操作、维修和安全检查人员在使用移动电话、无线电台、电视发射、移动无线电发动机等电磁辐射源产生的(以上属有意发射)。汽车点火装置、电焊机、晶闸管整流器、荧光灯工作时产生的寄生辐射(以上属无意发射)也都会产生射频辐射干扰。测试的目的是建立一个共同的标准来评价电气和电子产品或系统的抗射频辐射电磁场干扰的能力。

目前人们生活中不可缺少的手机,已经被标准作为辐射源的考虑重点,这一方面是由于当前手机的使用十分普遍,另一方面是手机的使用者与计算机之间的距离又比较近,因此手机对计算机产生的辐射干扰在局部范围内非常强,如图4-5所示。

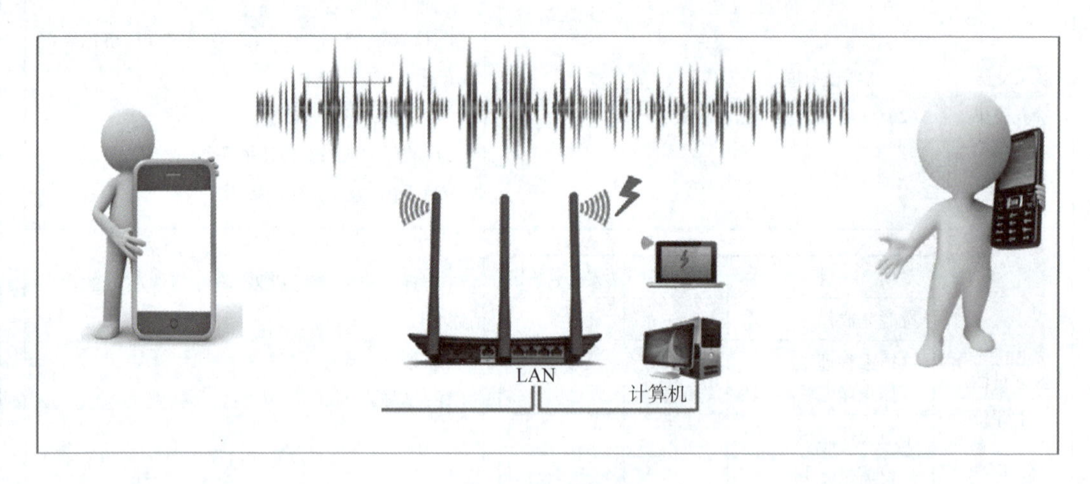

图4-5 辐射测试

一、场地布置及系统架设

1. 主要试验设备

(1)信号发生器(主要指标是带宽、带调幅功能、能手动或自动扫描、扫描步长及扫描点上的留驻时间可设置、信号的幅度能自动控制等)。

(2)功率放大器(要求在 1 m 法、3 m 法或 10 m 法的情况下,能达到标准规定的场强。对于小产品,也可以采用 1 m 法进行测试,但当 1 m 法和 3 m 法的测试结果有出入时,以 3 m 法为准)。

(3)天线(在不同的频段下使用对数周期天线和双锥天线,目前已有可在全频段内使用的复合天线)。

(4)场强测试探头。

(5)场强测试与记录设备。在基本仪器的基础上再增加一些辅助设备(如计算机、功率计、场强探头的自动行走机构等),可构成一个完整的自动测试系统。

(6)电波暗室。为了保证测试结果的对比性和重复性,要对测试场地的均匀性进行校准。

2. 试验场地

视 频

RS暗室接线切换

试验应在电波暗室中进行。

电波暗室相对受试设备来说,应具有足够的空间,而且在受试设备周围空间还要有均匀场的特性。

电波暗室的均匀性每年校准一次。另外,每当暗室内的布置发生变化时(如更换吸波材料、试验位置的移动或试验设备的改变等),也要重新校准。

天线与受试设备间的距离取决于受试设备的大小。对小的受试设备来说,即使天线与受试设备间距离小至 1 m,也足够保证受试设备正面辐照区的均匀性,这时可以采用 1 m 法进行试验,从而选用更大的试验场地。

这里几米的测量距离的规定是:对数周期天线是天线顶端到受试设备正面的距离;双锥天线是天线中央到受试设备正面的距离。

辐射抗扰度标准规定,受试设备与产生电磁场的天线距离不得小于 1 m。受试设备与天线之间的最佳距离是 3 m。当对试验的距离有争议时,应优先使用 3 m 法。但对大型设备,即使采用 3 m 法试验,也难以保证受试设备正面辐照区的均匀性,这时则应使用更大的电波暗室、更长的试验距离。

3. 场地布置

(1)受试设备应该尽可能在接近实际安装条件的情况下进行试验,布线也要按照制造商推荐的方式进行布局。除非另外说明,受试设备应该放置在其外壳内,所有的盖板应盖上。

(2)当受试设备被设计成要正常安装在机架或机柜里运行时,则受试设备就应在这种状态下进行试验。对不需要金属接地平面的受试设备,在摆放这个设备时,应该选用不导电的非金属材料来制作支架,但该设备外壳的接地还是应当按照制造商所推荐的安装规范进行。

(3)当受试设备由台式和落地式部件组成时,要注意保持它们之间的相对位置。对于台式受试设备,应放在 0.8 m 高的非金属工作台上,它可以防止受试设备的偶尔接地及产生场失真。使用非导体支撑物可防止受试设备偶然接地和场的畸变,支撑体应是非导体,而不是由绝缘层包裹的金属构架,如图 4-6 所示。

(4)落地式受试设备应置于高出地面 0.1 m 的非导体支撑物上,如图 4-7 所示。辐射测试场地如图 4-8 所示。

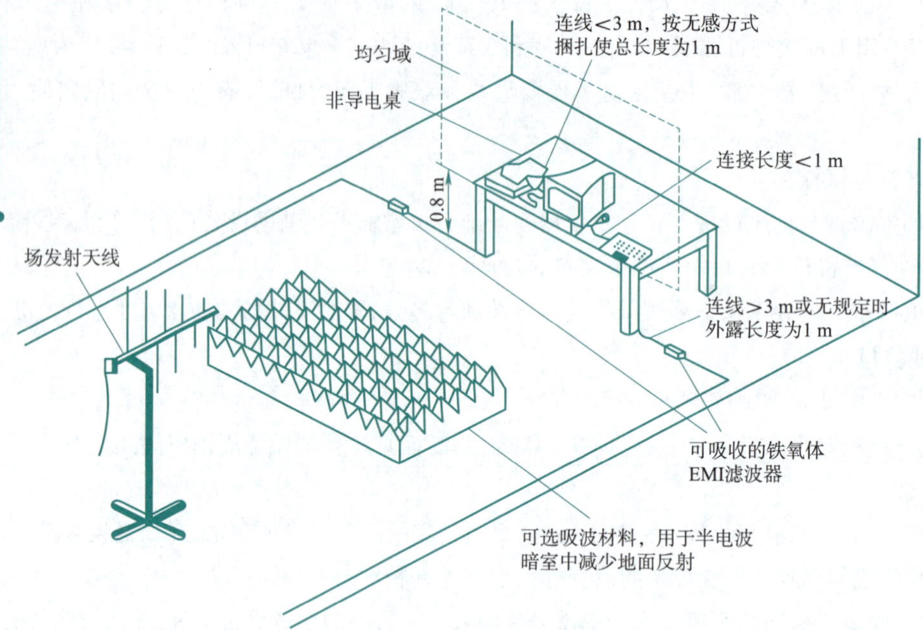

图 4-6　台式受试设备布置

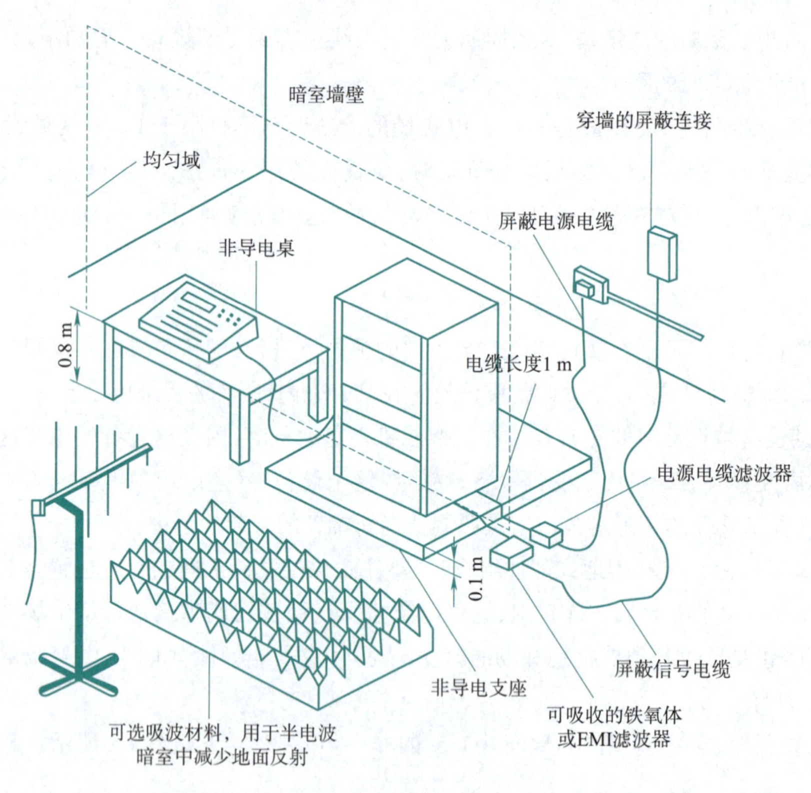

图 4-7　落地式受试设备布置

二、测试方法及步骤

1. 布线

如果对受试设备的进、出线没有规定，则使用非屏蔽平行导线，从受试设备引出的连线暴露在电磁场中的距离为 1 m，受试设备壳体之间按下列规定布线：

（1）使用生产厂规定的导线类型和连接器。

（2）如果生产厂规定导线长度不大于 3 m，则按生产厂规定长度用线，导线捆扎成 1 m 长的感应较小的线束。

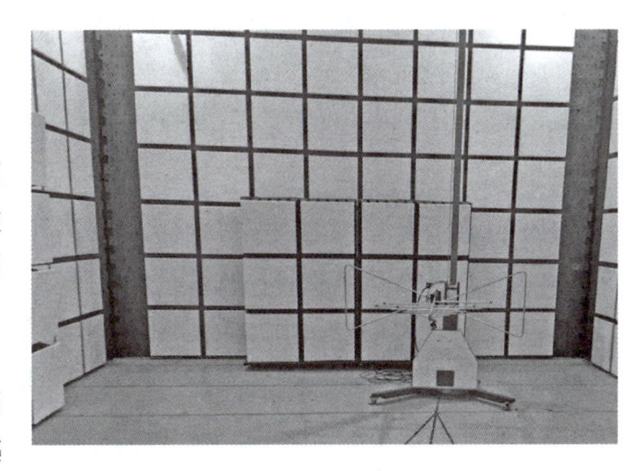

图 4-8　辐射测试场地

（3）如果生产厂规定导线长度大于 3 m，或未规定，则受辐射的线长为 1 m，其余长度为去耦部分，如套上射频损耗铁氧体管。

采用电磁干扰滤波器不应妨碍受试设备运行，使用的方法应在试验报告中记录。受试设备的边线应平行于均匀域布置，以使影响最小。所有试验结果均应附有连线、设备位置及方向的完整描述，使结果能够被重复。外露捆绑导线的那段长度应按能基本模拟正常导线布置的方式，即绕到受试设备侧面，然后按安装说明规定向上或向下布线。垂直、水平布线有助于确保处于最严酷的环境。

2. 测试方法

试验的扫频范围为 80 MHz～1 000 MHz，使用校准过程中所确定的功率电平，并以 1 kHz 的正弦波来进行调幅，调制深度为 80%。若扫频是以步进方式进行的，则步进幅度不超过前一频率的 1%，且在每一频率下的停顿时间应不小于受试设备对干扰的响应时间。作为替代，扫频的频率也可以取前一频率的 4%，但此时的试验场强要比前一个方案提高一倍。当试验存在争议时，应以前一个方案为准。

（1）受试设备最好能放在转台上，以便让受试设备的六个面都有机会正对天线来接受试验（受试设备不同面上的抗干扰能力是不同的）。

（2）受试设备在一个正对面上要做两次试验：一次是天线处在垂直位置上；另一次是天线处在水平位置上。

（3）若受试设备在不同位置上都能使用，则这个受试设备的六个面都要依次正对发射天线来做此试验。

视频

RS天线接线2

三、测试法规要求

1. 一般试验等级

表 4-2 给出了频率范围为 80 MHz～1 000 MHz 内的优先选择试验等级。

表 4-2　一般试验等级

等级	试验场强/（V/m）
1	1
2	3
3	10
×	特定

注：×是一个开放级，可在产品规范中规定。

表 4-2 中给出的是未经调制的信号场强,在正式试验时要用 1 kHz 的正弦波对未调制信号进行深度为 80% 的幅度调制。

在表 4-2 中,试验等级分为 1、2、3 级,对应的试验场强分别为 1 V/m、3 V/m、10 V/m。

其中:

等级 1 为低电平的电磁辐射环境,如在离开电台和电视台 1 km 以外地方的辐射情况。

等级 2 为中等电磁辐射环境,如附近有小功率的移动电话在使用,这是一种典型的商业环境。

等级 3 为严酷的电磁辐射环境,如有移动电话在靠近受试设备的地方使用(距离不小于 1 m),或附近有大功率广播发射机在工作,这是典型的工业环境。

等级 × 为一个开放的等级,可通过用户和设备制造商协商,或在产品标准或设备说明书中规定。

对产品标准化技术委员会来说,可在 IEC 61000-4-3 和 IEC 61000-4-6(对应于我国国家标准 GB/T 17626.3 和 GB/T 17626.6)之间选择比 80 MHz 略高或略低的频率作为过渡频率。这里 IEC 61000-4-6(GB/T 17626.6)标准为电气和电子产品规定了频率在 80 MHz 以下的辐射电磁场对线路感应所引起的传导干扰试验。

2. 针对数字无线电话的射频辐射而设定的试验等级

表 4-3 给出了频率范围为 800 MHz ~ 960 MHz,及 1.4 GHz ~ 2.0 GHz 的优先选择试验等级。

表 4-3　数字无线电话射频辐射试验等级

等级	试验场强/(V/m)
1	1
2	3
3	10
4	30
×	特定

注:× 是一个开放级,可在产品规范中规定。

表 4-3 中给出的是未经调制的信号场强,在正式试验时要用 1 kHz 的正弦波对未调制信号进行深度为 80% 的幅度调制。

如果产品只需要满足某些特定国家或地区的使用要求,则对 1.4 GHz ~ 2.0 GHz 的试验范围可缩至只满足该国家或地区的数字电话所采用的具体频段,但在试验报告中要反映出这一决定。

产品标准化技术委员会要指定每一频率范围内的试验等级。在表 4-2、表 4-3 中所提到的频率范围中,只需要对两个试验等级中较高的这一个进行试验就可以了。

通常受试设备的试验等级是根据其最终安装环境的电磁情况来选择的。但对大多数产品来说,在它们的产品类和产品标准里已经充分考虑了使用的环境,所以它们的试验等级已经确定。

对于针对数字无线电话的射频辐射而设定的试验等级,主要是考虑了近距离使用移动无线电话时对受试设备造成的影响。式(4-1)是移动无线电话的发射功率与场强之间的关系。

$$E = 3P/(2/d) \tag{4-1}$$

式中　E——场强(有效值),V/m;

3——经验常数;

P——移动无线电话的功率值,W;

d——受试设备到天线的距离，m。

表4-4是试验等级及相关距离的实例。GSM蜂窝移动通信系统，全球应用；DECT无绳蜂窝移动通信系统，欧洲应用。

表4-4　无线电话试验等级

试验等级	载波场强/(V/m)	最大场强/(V/m)	保护距离/m		
			2W GSM	8W GSM	(1/4)W DECT
1	1	1.8	5.5	11	1.9
2	3	5.4	1.8	3.7	0.6
3	10	18	0.6	1.1	0.2
4	30	54	0.2	0.4	0.1

四、测试结果及数据判定

1. 用GTEM小室进行射频辐射电磁场抗扰度试验

GTEM小室的射频辐射电磁场抗扰度测试系统如图4-9所示，它主要由信号源、功率放大器、场强监视器、计算机、操控软件及GTEM小室组成。

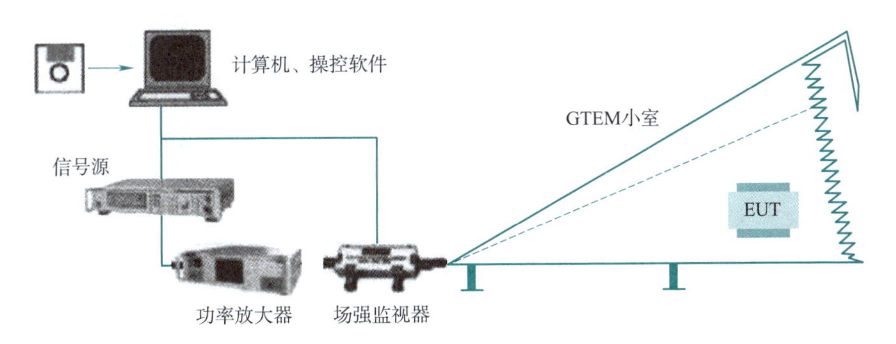

图4-9　GTEM小室的射频辐射电磁场抗扰度测试系统

当信号源经过功率放大器放大后注入GTEM小室的输入端，在芯板和底板之间形成较强的均匀电磁场，用放置在受试设备附近的电场监测探头来监测该场强，然后反馈给计算机得到输入功率值，计算机再调节信号源输出幅值，保证小室内的场强值符合要求。操控软件控制信号源按照标准的步长进行辐射场的频率扫描。

小室内安装有摄像头，试验人员可在GTEM小室外通过监视器查看受试设备在射频电磁场干扰下的工作情况。测试步骤：

(1)将受试设备放置在GTEM小室内。

(2)打开信号源，通过功率放大器在GTEM小室内建立均匀电磁场。

(3)确定扫频频率范围及调制方式、调制深度。

(4)调整信号源输出幅值。

(5)重复步骤(3)、(4)，通过观测，判定受试设备的射频电磁场辐射抗扰度。

2. 用GTEM小室进行辐射骚扰试验

GTEM小室理论上也可以进行辐射发射值的测试，如图4-10所示。小室内芯板和底板可以代替暗室测试中的天线,接收受试设备工作过程中产生的辐射发射。注意:GTEM 小室在测试前需要和开阔场或电波暗室进行对比校准,从中找出规律(建立数学模型),通过测试软件进行必要的修正,这样才能用于辐射发射测试。另外,受试设备在 GTEM 小室中摆放的位置(也就是说在芯板与底板之间相对距离不同)也会导致测试结果不同,试验人员必须充分注意。

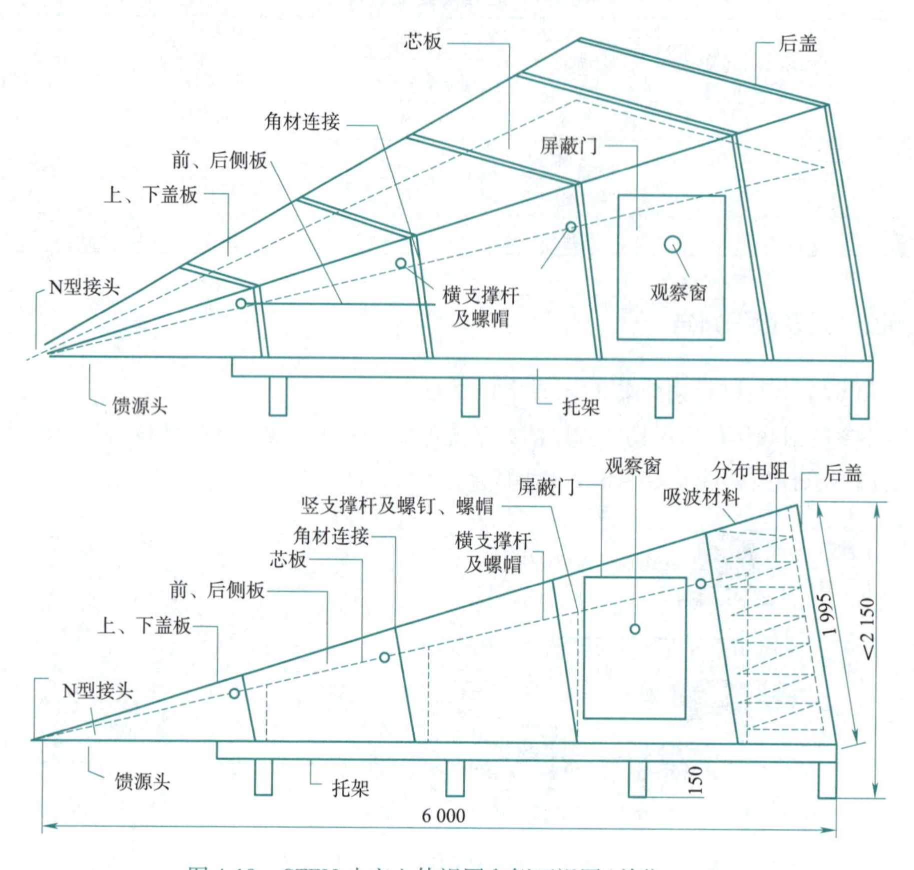

图 4-10　GTEM 小室立体视图和侧面视图(单位:mm)

按下面的方法在 GTEM 小室内做辐射发射试验:

(1)将受试设备置于 GTEM 小室内。

(2)将 EMI 接收机连接到 GTEM 小室前端的 N 形接头上,并打开电源。

(3)按照测试标准要求,设置接收机的扫频范围、检波方式及分辨率带宽等。

(4)EMI 接收机测试受试设备的辐射骚扰电平值。

(5)通过计算机及软件进行数据分析及处理,得到最终测试结果。

无论做射频辐射电磁场抗扰度试验,还是做辐射发射试验,都有一个极化问题。在开阔场和电波暗室中测试时,是通过改变测试天线的方向来实现的;但是,在 GTEM 小室里是利用芯板和底板作为天线使用的,它们的位置不能变化。要想改变电磁场的极化方向,需要人为地改变受试设备相对于芯板和底板的摆放方向来实现。

任务决策

任务二　课前任务决策单

一、学习指南

1. 任务名称

辐射抗扰度测试

2. 达成目标

3. 学习方法建议

4. 课前预习心得

二、学习任务

学习任务	学习过程	学习建议
子任务1：明确任务	明确学习任务，查找资料，填写课前任务决策单	阅读相关知识，查看资料，独立思考。初步感知，为下一步的学习和思考奠定基础
子任务2：课前预习	课前预习疑问： （1）________ （2）________ （3）________	可以围绕以上问题展开研究，也可以自主确立想研究的问题

任务实施

任务二　课中任务实施单

一、学习指南

1. 任务名称

辐射抗扰度测试

2. 达成目标

3. 学习方法建议

4. 熟悉测试仪器设备

二、任务实施

任务实施	实施过程	学习建议
子任务3： 分组讨论 分工合作	(1)辐射抗扰度测试仪器的架设。 (2)辐射抗扰度测试软件的操作。 (3)辐射抗扰度测试天线极性的设置。 (4)频谱仪或接收器测试点的设置	(1)就你最感兴趣的问题，寻找同伴形成小组进行研究，可单人研究一个主题。 (2)关于小组合作，提出几点建议： ①合理分工，发挥长处。 ②互帮互助，团结协作。 ③虚心学习，取长补短。 (3)登录超星平台搜索“电磁兼容检测技术与应用”课程。 提醒：信息庞杂一定要注意筛选与整理
子任务4： 数据判定 成果展示	(1)辐射抗扰度测试数据记录及结果判定。 (2)仪器设备图片展示。包括信号分析仪、人工电源网络。 (3)辐射抗扰度测试内容展示	登录学习通课程网站，完成拓展任务：对Wi-Fi进行辐射抗扰度测试

任务二　课后评价总结单

<table>
<tr><td>一、评价</td></tr>
<tr><td>1. 学习成果</td></tr>
<tr><td>2. 自主评价</td></tr>
<tr><td>3. 学后反思</td></tr>
<tr><td>二、总结</td></tr>
</table>

<table>
<tr><th>项　　目</th><th>学习过程</th><th>学习建议</th></tr>
<tr><td>展示交流
研究成果</td><td>（1）仪器设备展示的方式：________
（2）辐射测试内容展示的方式：________</td><td>作品呈现方式建议：
PPT、视频、图片、照片、文稿、手抄报、角色表演的录像等。
学习成果的分享方式：
（1）将学习成果上传超星平台；
（2）手机、电话、微信等交流</td></tr>
<tr><td>多方对话
自主评价</td><td><table><tr><th>项　　目</th><th>优</th><th>良</th><th>中</th><th>及格</th><th>不及格</th></tr><tr><td>按时完成任务</td><td></td><td></td><td></td><td></td><td></td></tr><tr><td>搜索整理
信息能力</td><td></td><td></td><td></td><td></td><td></td></tr><tr><td>小组协作意识</td><td></td><td></td><td></td><td></td><td></td></tr><tr><td>汇报展示能力</td><td></td><td></td><td></td><td></td><td></td></tr><tr><td>创新能力</td><td></td><td></td><td></td><td></td><td></td></tr></table></td><td>（1）评价自我学习成果，评价其他小组的学习成果；
（2）评价方式：
优：四颗星；
良：三颗星；
中：两颗星；
及格：一颗星</td></tr>
<tr><td>学后反思
拓展思考</td><td>总结学习成果：
（1）我收获的知识：________
（2）我提升的能力：________
（3）我需要努力的方面：________</td><td>总结过后，可以登录超星平台，挑战一下“拓展思考”，在讨论区发表自己的看法</td></tr>
</table>

任务三 静电抗扰度测试(ESD)

相关知识

静电放电是一种自然现象。当两种不同介电强度的材料相互摩擦时,就会产生静电电荷(摩擦起电原理)。如果其中一种材料上的静电荷积累到一定程度,并与另外一个物体接触时,就会通过这个物体到大地的阻抗而进行放电。当设备发生接触或空气放电后,附着在设备机壳上的电荷会通过设备机箱上的孔缝与设备内部电路板或元器件间发生二次放电。因为设备内部电路板或元器件的阻抗较小,所以二次放电的危害有可能比一次放电更大。

静电放电及其影响是电子设备的一个主要干扰源。静电放电多发生于人体接触半导体器件时,有可能导致半导体材料击穿,产生不可逆转的损坏。静电放电及由此产生的电磁场变化可能危害电子设备的正常工作。

一、静电简介

1. 测试静电的原因及静电防护

(1)静电是一种客观存在的自然现象,产生的方式有多种,如接触、摩擦、电器间感应等。静电的特点是长时间积聚、高电压、低电量、小电流和作用时间短。

(2)人体自身的动作或与其他物体的接触、分离、摩擦或感应等因素,可以产生几千伏甚至上万伏的静电。

(3)静电在多个领域造成严重危害。摩擦起电和人体静电是电子工业中的两大危害,常常造成电子电器产品运行不稳定,甚至损坏。

(4)生产过程中静电防护的主要措施为静电泄漏、耗散、中和、增湿、屏蔽与接地。

(5)人体静电防护系统主要由防静电手腕带、脚腕带、脚跟带、工作服、鞋袜、帽、手套或指套等组成,具有静电泄放、中和与屏蔽等功能。

(6)静电防护工作是一项长期的系统工程,任何环节的失误或疏漏,都将导致静电防护工作的失败。

2. 静电释放的分类

静电释放使用静电枪进行测试,如图 4-11 所示。静电释放分为接触放电法和空气放电法两种:

(1)接触放电法(contact discharge method):静电产生器的电极接触受试设备或耦合平板的放电方式,设备操作人员直接触摸设备时,对设备的放电和放电对设备的影响(直接放电)。

(2)空气放电法(air discharge method):静电发生器的电极快速接近受试设备产生的放电方式,设备操作人员未触摸设备时,对所关心的设备的影响(间接放电)。

3. 静电放电的危害

静电在日常生活中可以说是无处不在,我们的身上和周围就带有很高的静电电压,几千伏甚至几万伏。平时可能体会不到,人走过化纤地毯的静电大约是 35 000 V,翻阅塑料说明书的静电大约 7 000 V,对于一些敏感仪器来讲,这个电压可能会是致命的危害。

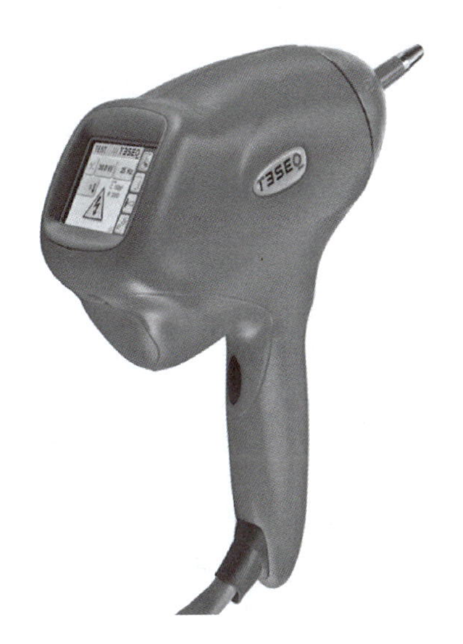

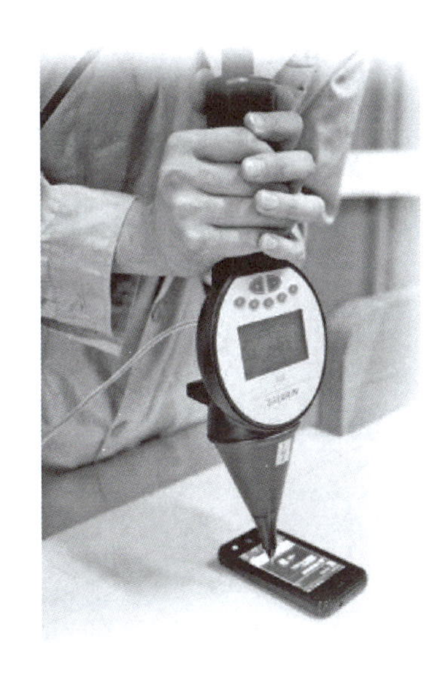

图 4-11　静电枪

静电学主要研究静电应用技术，如静电除尘、静电复印、静电生物效应等。更主要的是静电防护技术，如电子工业、石油工业、兵器工业、纺织工业、橡胶工业以及宇航与军事领域的静电危害，寻求减少静电造成的损失。随着科学技术的飞速发展、微电子技术的广泛应用及电磁环境越来越复杂，静电放电的电磁场效应，如电磁干扰（EMI）及电磁兼容性（EMC）问题，已经成为一个迫切需要解决的问题。

（1）直接放电可引起设备中半导体器件的损坏，从而造成设备的永久性失效。

（2）设备的误动作。这是由放电（可能是直接放电，也可能是间接放电）而引起的近场电磁场变化造成的。

案例　1967 年 7 月 29 日，美国福莱斯特航空母舰上发生严重事故，一架 A4 飞机上的导弹突然点火，造成了 7 200 万美元的损失，并造成人员损伤 134 人，调查结果显示导弹屏蔽接头不合格，静电引起了点火。1969 年底，在不到一个月的时间内，荷兰、挪威、英国三艘 20 万吨超级邮轮洗舱时，由于静电积累到一定程度，放电时产生的火花点燃了易燃气体，引发了爆炸。

二、场地布置及系统架设

1. 台式布置

受试设备（EUT）放置在接地参考平面上（0.8 ± 0.08）m 高的非导电桌上测试，水平耦合板（HCP）大小为（1.6 ± 0.02）m ×（0.8 ± 0.02）m，接地参考平面应为铜或铝的金属薄板，其最小厚度为 0.25 mm，如图 4-12 所示。

2. 落地式布置

EUT 的线材与参考地之间用（0.5 ± 0.05）mm 的绝缘支撑隔离，EUT 放置在离参考地距离为 0.05 ~ 0.15 m 的绝缘支撑上。如果需要两个 HCP 进行测试，两个 HCP 的距离为（0.3 ± 0.02）m，如图 4-13 所示。

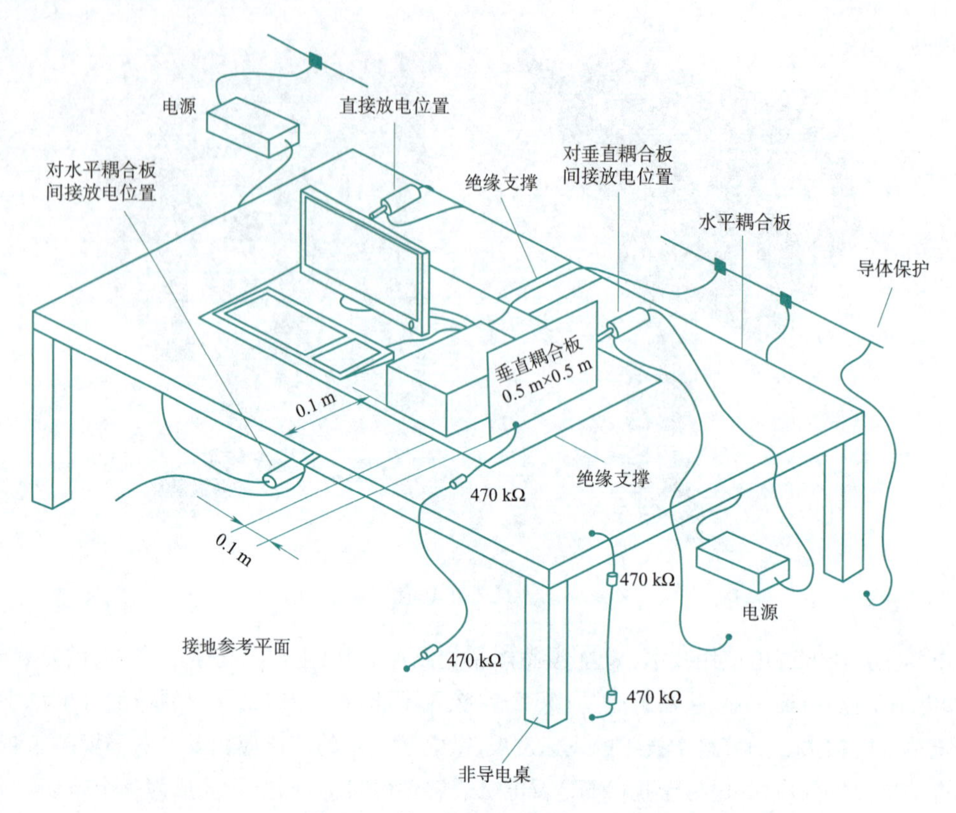

图 4-12　静电抗扰度测试台式布置

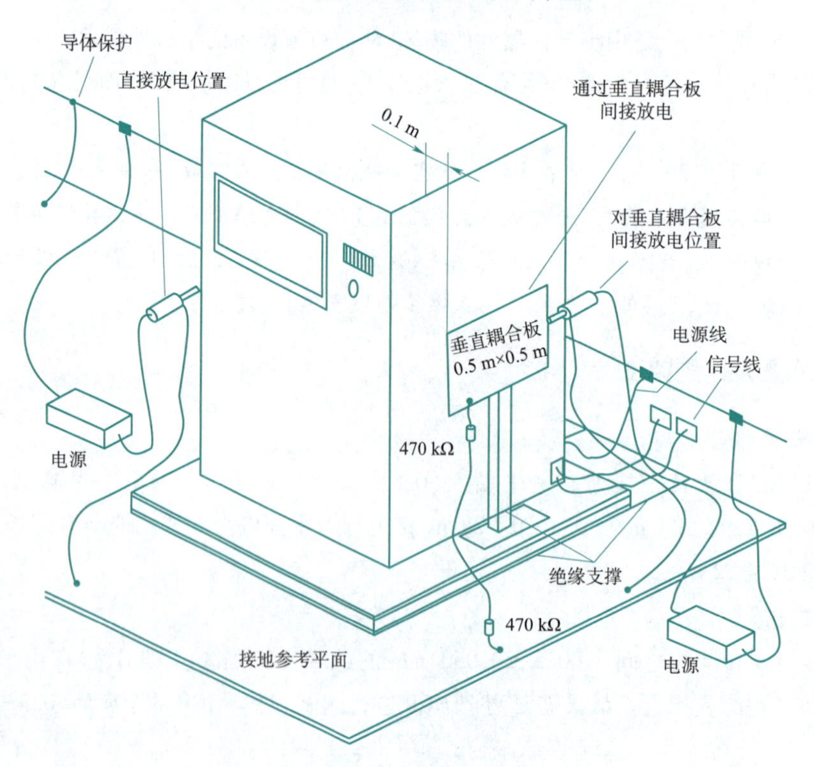

图 4-13　静电抗扰度测试落地式布置

3. 测试配置

（1）木桌距离参考地平面0.8 m。

（2）放在桌面上的水平耦合板（HCP）面积为（1.6 ±0.02） m×（0.8 ±0.02） m。

（3）垂直耦合板（VCP）面积为0.5 m×0.5 m。

（4）绝缘垫厚0.5 mm，将EUT与HCP隔隙。接地参考平面用最小厚度为0.25 mm的铜或铝的金属薄板，其他金属材料也可使用，但至少0.65 mm厚。接地参考平面的最小尺寸为1 m^2，间隙的尺寸取决于EUT的尺寸，至少伸出EUT或耦合板之外0.5 m，将它与接地系统相连。

（5）耦合板：采用与接地参考平面相同的金属和厚度，而且每端分别设置470 kΩ的电阻与接地参考平面连接。

4. 环境条件

（1）温度：15～35 ℃。

（2）相对湿度：30%～60%。

（3）大气压强：86 kPa～10^6 kPa。

注意：湿度越低越容易测试不通过。

三、测试方法及步骤

试验室里试验配置的规范性是保证试验结果重复性和可比性的一个关键因素，这是因为静电放电的电流波形十分陡峭，其前沿已经达到0.7～1 ns，包含的谐波成分至少达到500 MHz以上。

1. 直接放电

静电测试标准规定，凡受试设备正常工作时，人手可以触摸到的部位都要进行静电放电试验（这样的部位，除机箱以外，其他如控制键盘、按钮、指示灯、钥匙孔、显示屏等都在试验范围内）。

测试时，受试设备处在正常工作状态。试验正式开始前，试验人员对受试设备表面以每秒20次的放电速率快速扫视一遍，以便寻找受试设备的敏感部位（凡扫视中有引起受试设备数显跳动、声光报警、动作异常等迹象的部位，都作为正式试验时的重点考查部位，应记录在案，并在正式试验时在其周围多增加几个考查点）。正式试验时，为了使受试设备来得及做出响应，放电以1次/s的速度进行（也有规定为1次/5 s的产品）。一般在每一个选定点上放电20次（其中10次正的，10次负的）。

原则上，凡可以采用接触放电的地方一律采用接触放电。对涂漆的机箱，若制造厂商没有说明是作为绝缘用的，试验时便用放电枪的尖端刺破漆膜对受试设备进行放电；若厂家说明是作为绝缘使用时，则应改用空气放电。对空气放电应采用半圆头形的放电电极，在每次放电前，应先将放电枪从受试设备表面移开，然后再次将放电枪慢慢靠近受试设备，直到放电发生为止。

为改善试验结果的重复性和可比性，放电电极应与受试设备表面垂直。除非在通用、与产品相关的或产品类标准中另有规定，静电放电仅仅施加在受试设备正常使用中可以触及的点和面上。但下述情况被排除在外（换言之，对这些项目不进行放电）：

（1）对于只有在维护时才能触及的点和面。在这种情况下，应在相应的文件中特别规定静电放电的简化试验。

（2）只有最终用户检修时才能触及的点和面。例如，对下述这些很少触及的点和面：

在更换电池时触及的电池触点，录音电话的磁带盒，等等。

(3)对于在安装固定或按说明使用后不再触及的点和面。例如，设备的底部、靠墙壁的一侧和适配连接器的后面。

(4)同轴及多芯连接触点。因为它们都有一个金属的连接器外壳，在这种情况下，接触放电仅仅施加在连接器的金属外壳上。

(5)对非导电外壳(如塑料的)连接器中可接触到的触点，只采用空气放电来做试验。应当是在静电放电发生器上采用圆头电极来做这个试验。

(6)由于功能的原因，对于那些对静电放电敏感的连接器的触点或其他可触及的部分，如测量、接收或其他通信功能的射频输入端，应采用静电放电的警告标识。这是因为，许多连接器端口是被用来处理模拟或数字高频信号的，因此不能提供有足够过电压保护能力的器件。在模拟信号的情况下，选用带通滤波器或许是一种解决方案。至于过电压保护二极管，由于寄生电容过大，因此对受试设备所采用的工作频率是不利的。

2. 间接放电

间接放电即对耦合板进行放电。对于水平耦合板，要在水平方向对水平耦合板的边进行放电。在朝向 EUT 每一单元(若适用)的中心点且与 EUT 前端相距 0.1 m 处的水平耦合板前缘处，以最敏感的极性，至少做 10 次单次放电。放电时，放电电极的长轴要处在水平耦合板的平面里且垂直于它的前缘。

放电电极要与水平耦合板的边缘相接触。另外，要考虑对 EUT 所有的暴露面做这个试验。

注意：

(1)在距受试设备 1 m 以内应无墙壁和其他金属物品(包括仪器)。

(2)试验中，受试设备要尽可能按实际情况布局(包括电源线、信号线和安装脚等)。接地线要按生产厂商的规定接地(没有接地线就不接)，不允许有额外的接地线。

(3)放电时，放电枪的接地回线与受试设备表面至少保持 0.2 m 的间距，避免相互间有附加感应，从而影响试验结果。

3. 测试要求

进行测试，要求有以下几点：

(1)放电电压值设定为 4 kV。

(2)放电间隔为 1 s。

(3)水平耦合正极性进行 50 次放电，负极性进行 50 次放电。

(4)垂直耦合正极性进行 50 次放电，负极性进行 50 次放电。

(5)各个接口处进行正极性与负极性各 50 次放电。

(6)各个裸露处进行正极性与负极性各 50 次放电。

(7)在受试设备的其他部位先用 20pps 放电模式寻找 2 个敏感点，然后用 1 s 间隔放电对正极性与负极性各进行 50 次放电。

(8)受试设备表面若存在绝缘漆，应用静电枪的尖头刺破表面进行测试。

(9)绝缘部分用圆头做气隙放电，气隙放电应由远到近靠近受试设备，直到有静电产生。若已经碰到设备仍未有静电产生，通过测试。

四、测试法规要求

静电放电抗扰度试验的国家标准为GB/T 17626.2（等同于国际标准IEC 61000-4-2）。静电抗扰度测试等级见表4-5。

表4-5　静电抗扰度测试等级

测试等级	接触放电	空气放电
	测试电压/kV	测试电压/kV
1	2	2
2	4	4
3	6	8
4	8	15
×	特殊	特殊

注：×是开放的测试等级，专用设备规定的测试等级。

EN 55024/EN 55035/EN 301489三本ESD法规的测试异同：

（1）测试等级相同。

（2）测试方法相同。

（3）主要测试差异在于其测试次数不同。EN 55035测试时空气放电只需要每个点测试正负极各10次即可，EN 55024需要每个点正负极性各测试25次，EN 301489测试次数和EN 55024一样。

五、测试结果判定

由产品制造商或要求产品测试者所定义，或产品制造商和产品的买主两者协议出相关的产品的性能等级，包括受试设备的功能损耗或性能的降低作为测试结果的分类，具体分类如下：

（1）由产品制造商，要求产品测试者，或产品的买主认定的正常性能范围。

（2）在测试后，EUT不再出现短暂的功能损耗或性能的降低，并且不需要人为介入，EUT可以自行恢复产品的正常功能。

（3）测试后需要人为介入，才能修正短暂的功能损耗或性能降低。

（4）测试后，由于损坏了硬件或软件或资料的损耗导致产品的功能损耗或性能的降低且无法复原的。

任务决策

任务三　课前任务决策单

一、学习指南

1. 任务名称

静电抗扰度测试

2. 达成目标

3. 学习方法建议

4. 课前预习心得

二、学习任务

学习任务	学习过程	学习建议
子任务1：明确任务	明确学习任务，查找资料，填写课前任务决策单	阅读相关知识，查看资料，独立思考。初步感知，为下一步的学习和思考奠定基础
子任务2：课前预习	课前预习疑问： (1)________ (2)________ (3)________	可以围绕以上问题展开研究，也可以自主确立想研究的问题

任务实施

任务三　课中任务实施单

一、学习指南

1. 任务名称

静电抗扰度测试

2. 达成目标

3. 学习方法建议

4. 熟悉测试仪器设备

二、任务实施

任务实施	实施过程	学习建议
子任务3： 分组讨论 分工合作	（1）静电测试仪器的架设。 （2）接触式静电测试操作。 （3）非接触式静电测试操作。 （4）静电测试电压及测试次数、间隔设置	（1）就你最感兴趣的问题，寻找同伴形成小组进行研究，可单人研究一个主题。 （2）关于小组合作，提出几点建议： ①合理分工，发挥长处。 ②互帮互助，团结协作。 ③虚心学习，取长补短。 （3）登录超星平台搜索“电磁兼容检测技术与应用”课程。 提醒：信息庞杂一定要注意筛选与整理
子任务4： 数据判定 成果展示	（1）静电测试数据记录及结果判定。 （2）仪器设备图片展示。包括信号分析仪、人工电源网络。 （3）辐射测试内容展示	登录学习通课程网站，完成拓展任务：对信号发生器进行静电测试

评价总结

任务三　课后评价总结单

一、评价

1. 学习成果

2. 自主评价

3. 学后反思

二、总结

<table>
<tr><th>项　　目</th><th>学习过程</th><th>学习建议</th></tr>
<tr><td>展示交流
研究成果</td><td>(1)仪器设备展示的方式:____________
(2)静电测试内容展示的方式:____________</td><td>作品呈现方式建议:
PPT、视频、图片、照片、文稿、手抄报、角色表演的录像等。
学习成果的分享方式:
(1)将学习成果上传超星平台;
(2)手机、电话、微信等交流</td></tr>
<tr><td>多方对话
自主评价</td><td><table><tr><th>项　　目</th><th>优</th><th>良</th><th>中</th><th>及格</th><th>不及格</th></tr><tr><td>按时完成任务</td><td></td><td></td><td></td><td></td><td></td></tr><tr><td>搜索整理
信息能力</td><td></td><td></td><td></td><td></td><td></td></tr><tr><td>小组协作意识</td><td></td><td></td><td></td><td></td><td></td></tr><tr><td>汇报展示能力</td><td></td><td></td><td></td><td></td><td></td></tr><tr><td>创新能力</td><td></td><td></td><td></td><td></td><td></td></tr></table></td><td>(1)评价自我学习成果,评价其他小组的学习成果;
(2)评价方式:
优:四颗星;
良:三颗星;
中:两颗星;
及格:一颗星</td></tr>
<tr><td>学后反思
拓展思考</td><td>总结学习成果:
(1)我收获的知识:____________
(2)我提升的能力:____________
(3)我需要努力的方面:____________</td><td>总结过后,可以登录超星平台,挑战一下“拓展思考”,在讨论区发表自己的看法</td></tr>
</table>

任务四 瞬态脉冲抗扰度测试(EFT)

相关知识

一、瞬态脉冲抗扰度测试简介

1. EFT 的定义

瞬态脉冲抗扰度测试(EFT)又称电快速瞬变脉冲群抗扰度测试,是指数量有限且清晰可辨的脉冲序列或持续时间有限的振荡,脉冲群中的单个脉冲有特定的重复周期、电压幅值、上升时间、脉宽。

脉冲群一般发生在电网中众多机械开关在切换过程(切断感性负载、继电器触点弹跳等)时所产生的干扰。

这类干扰的特点是:成群出现的窄脉冲、脉冲的重复频率较高(千赫级)、上升沿陡峭(纳秒级)、单个脉冲的持续时间短暂(10 ~ 100 ns)、幅度达到千伏级。

成群出现的窄脉冲可对半导体器件的结电容充电,当能量累积到一定程度后会引起线路或设备的出错。

2. EFT 的目的

EFT 是将一系列电快速瞬变脉冲群耦合到电气和电子设备的电源端口、信号和控制线端口的试验。目的在于创建一个公开且可重复的基准,用来评估电气和电子设备供电端口、信号和控制端口当受到重复性电快速瞬变脉冲群干扰时的性能是否能够符合标准法规要求。

3. EFT 产生原因

EFT 产生原理如图 4-14 所示,其产生的原因主要有:

(1)电感负载储存能量。

(2)当继电器切断时储存于电感负载的能量回授。

(3)火花放电引起一系列脉冲群。

(4)脉冲群于电网内部被分散。

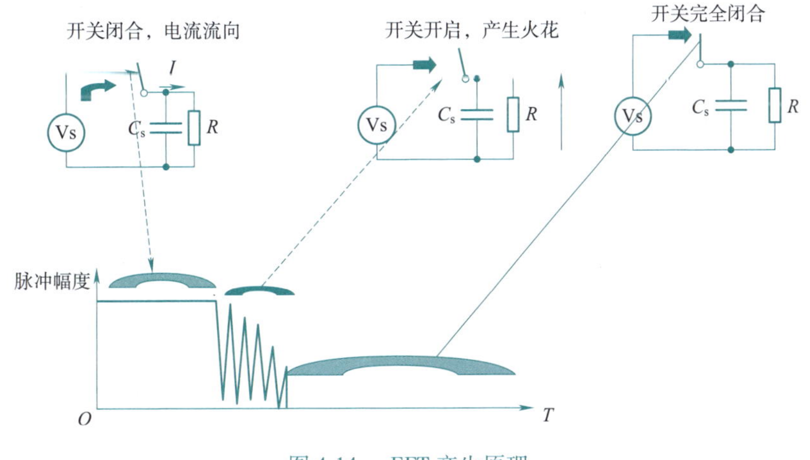

图 4-14　EFT 产生原理

EFT 脉冲发生器电路图如图 4-15 所示，发生器波形图如图 4-16 所示。经由挑选的电路元件 C_c、R_s、R_m 和 C_d，使发生器在开路和接 50 Ω 阻性负载的条件下产生一个快速瞬变。信号发生器的有效输出阻抗应为 50 Ω。其中，U 为高压源，R_c 为充电电阻，C_c 为储能电容，R_s 为脉冲持续时间调整电阻；R_m 为阻抗匹配电阻，C_d 为隔直电容。

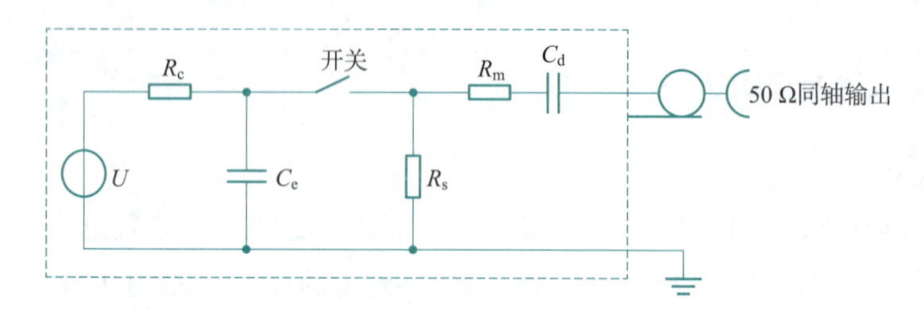

图 4-15　EFT 脉冲发生器电路图

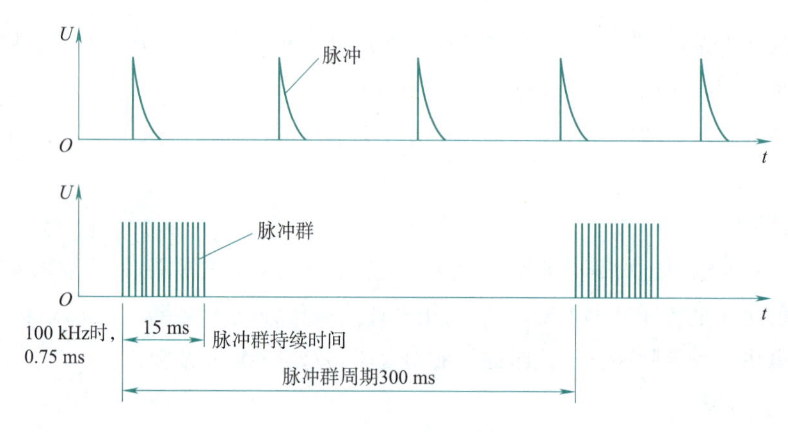

图 4-16　发生器波形图

二、场地布置及系统架设

EFT 测试是电磁兼容性（EMC）测试的一部分，用于评估电气和电子设备在遭受快速电压瞬变时的性能。进行 EFT 测试时，场地布置和系统架设需要遵循相关的标准和规范，以确保测试的有效性和准确性。以下是 EFT 测试场地布置及系统架设的一般步骤和要点：

1. 测试场地选择

选择一个符合 EMC 测试要求的场地，如屏蔽室或半电波暗室，以减少外部电磁干扰对测试结果的影响。

2. 测试设备布置

将受试设备（EUT）放置在距离地面和墙壁一定距离的位置，以避免反射和其他干扰。确保 EUT 的电源线、信号线和控制线按照测试要求进行布置和连接。

3. EFT 发生器架设

EFT 发生器（又称电快速瞬变脉冲群发生器）应放置在靠近 EUT 的位置，以便将脉冲耦合到 EUT 的相应端口。

发生器的耦合/去耦网络（coupling/decoupling network，CDN）应正确连接到 EUT 的电源线，以模拟实际使用中的瞬态电压波动。

4. 测量设备连接

使用示波器、频谱分析仪或其他测量设备来监测和记录 EUT 在 EFT 脉冲作用下的响应。

测量设备应通过适当的接口与 EUT 连接，并确保测量信号的准确性。

5. 接地和参考平面

确保测试场地、EUT 和所有测量设备都有良好的接地，以减少地环路干扰。使用接地参考平面（如金属板）作为测试的基准，确保所有设备在同一参考平面上操作。

6. 安全措施

在测试过程中，确保所有人员和设备的安全，遵循 EMC 测试的安全规程。使用适当的保护设备，如浪涌保护器（SPD），以防止意外的过电压损坏 EUT。

三、测试方法及步骤

根据测试计划进行测试，测试计划应该规定以下内容：

（1）测试等级（如 1 kV）。

（2）耦合模式（共模）。

（3）测试电压的极性（正、负极均需测）。

（4）测试持续时间（通常不小于 1 min，以产品类标准要求为准）。

（5）重复频率（一般 5 kHz，xDSL 线通常需按 100 kHz 测试）。

（6）待测试的端口（如 AC 电源端、DC 电源端或信号端）。

（7）EUT 的典型工作条件。

（8）辅助设备（AE）。

制定好测试计划，然后按前述测试布置，对 EUT 的各待测端口分别进行测试。通常，2pin 电源端口须测三项：L、N、L + N；3pin（带地线）电源端口测七项：L、N、PE、L + N、L + PE、N + PE、L + N + PE。

EFT 信号端口用容性耦合夹测试，其脉冲群如图 4-17 所示，图中 V_{PEAK} 表示峰值电压，t_R、t_D 分别表示上升时间和下降时间。

四、测试法规要求

瞬态脉冲抗扰度测试（EFT）用于评估电子设备在面对电源线上突然出现的脉冲干扰时的抵抗能力。为了确保测试结果的准确性和可比性，国际电工委员会（IEC）发布了相应的标准来规范 EFT 的方法和参数。EFT 的基本原则和 IEC 标准的主要内容有：

1. 基本原则

EFT 测试对象为各种电子设备、家用电器和工业设备等。测试环境为模拟真实工作环境中的电源线突发性脉冲干扰，确保测试的真实性和可重复性。

2. IEC 标准概述

EFT 测试标准见表 4-6，其中 IEC 61000-4-4 为国际标准，该标准规定了 EFT 测试的方法和参数。

（1）测试设备：规定了测试设备的参数和要求，包括发生器、耦合/去耦网络和测量设备等。

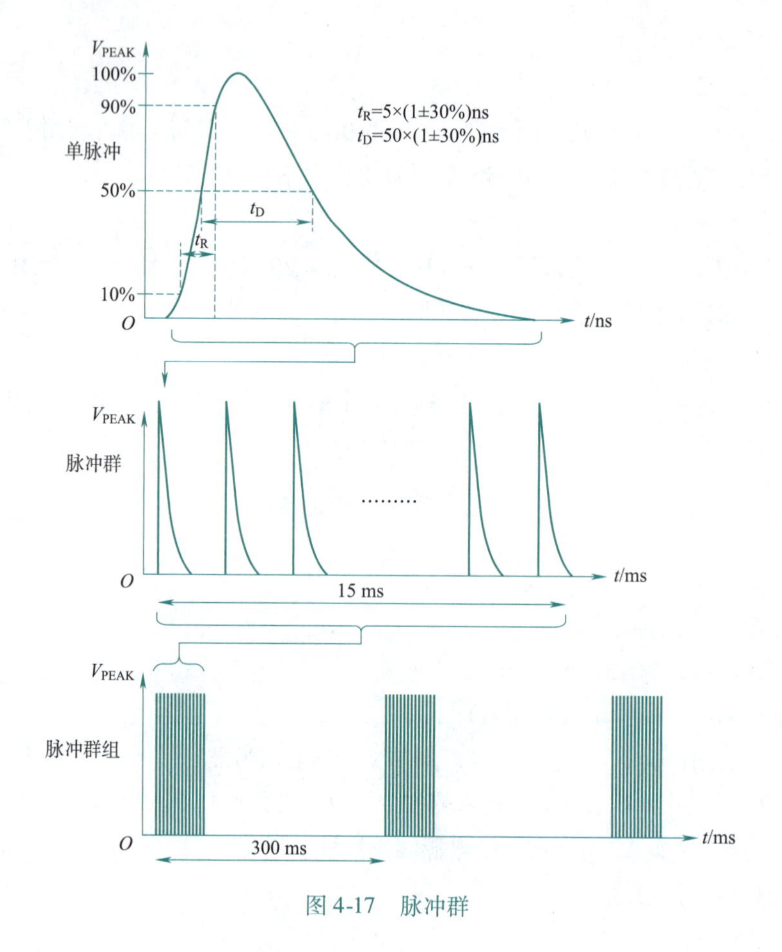

图 4-17　脉冲群

(2)测试参数:定义了瞬态脉冲的电压波形、频率、脉宽和重复周期等关键参数。

(3)测试过程:描述了测试的步骤和顺序,包括前期准备、设备连接、测试参数设置和测试执行等。

(4)测试结果判定:制定了测试结果的判定准则,包括幅值、持续时间和故障情况等。

表 4-6　EFT 测试标准

标准号
IEC 61000-4-4
EN 61000-4-4
AS/NZS 61000. 4. 4
KN 61000-4-4
GB/T 17626. 4

3. 测试参数和要求

(1)脉冲波形:规定了 EFT 脉冲的波形特征,如上升时间、下降时间和前沿时间等。

(2)脉冲频率:定义了测试中脉冲的重复频率。

(3)脉冲幅值:规定了脉冲幅值的范围和级别。

(4)耦合/去耦网络:确定了用于将脉冲注入电源线上的耦合/去耦网络的参数和要求。

（5）测试级别：根据设备不同类型和用途，制定不同的测试级别和要求，见表4-7。

表4-7　EFT测试级别

法规等级	供电电源和保护地端子		信号和控制端口		设备最适合安装环境
	电压峰值/kV	重复率/kHz	电压峰值/kV	重复率/kHz	
1	0.5	5	0.25	5	受良好保护的环境，如计算机房
2	1	5	0.5	5	受保护的环境，如工厂、发电厂的控制室或终端室
3	2	5	1	5	典型工作环境
4	4	2.5	2	5	严酷工作环境，没有采取特殊措施的工业过程
×	特殊	特殊	特殊	特殊	需要加以分析的环境

4. 测试过程和报告

（1）测试步骤：按照标准规定的步骤，连接测试设备和受试设备，进行EFT测试。

（2）测试记录：详细记录测试过程中的关键参数和测试结果，确保数据的准确性和可追溯性。

（3）测试报告：撰写测试报告，包括测试设备、测试方法、测试环境、测试结果和数据分析等内容。

5. 标准的更新和适用性

IEC标准会不断进行修订和更新，以适应新兴技术和市场需求的变化，并根据设备的不同类型和用途，选择适当的IEC标准进行EFT测试，确保测试的准确性和可靠性。

IEC标准为EFT测试提供了统一的方法和参数，确保了测试结果的准确性和可比性。遵循IEC标准进行EFT测试，并对测试结果进行适当的数据分析和判定，可以评估设备的稳定性和可靠性，提高其抗扰度能力。

五、测试结果评估及数据判定

在进行EFT测试后，需要进行测试结果的评估和数据判定，如图4-18所示。评估测试结果的准确性和可靠性是非常重要的，因为这将直接影响对设备抗扰度性能的判断。

测试结果评估的第一步是进行数据分析。需要对脉冲波形数据进行分析，包括上升时间、下降时间和前沿时间等关键参数的计算。通过分析脉冲波形，可以了解脉冲的特征和强度，进而评估设备的抗扰度性能。

除了脉冲波形的分析，还需要进行脉冲幅值的测量。脉冲幅值是评估设备对干扰信号的响应能力的重要指标。可以测量脉冲的峰值、有效值等参数，以确定设备的抗扰度性能。

在进行数据分析的同时，还需要记录测试过程中设备是否发生故障的情况。如果设备在测试过程中发生故障，例如停止工作、丢失数据或重启等，这将影响设备的抗扰度性能评估结果。

基于数据分析和故障情况记录，可以采用不同的数据判定方法来评估测试结果。其中一种常用的方法是阈值比较法，即将测试数据与预先设定的阈值进行比较。如果测试数据超过或低于阈值，可以判定设备不符合抗扰度要求。

此外，还可以采用统计分析法来提高数据判定的可靠性。通过对多次测试数据进行统计分析，计算平均值、标准差等指标，可以更准确地评估设备的抗扰度性能。

基于数据分析和数据判定的结果，可以得出相应的测试结论。如果测试数据符合预先设定的标准和规范，可以判定设备在 EFT 测试中具备良好的抗扰度性能。然而，如果测试数据超过或低于设定的阈值，或设备在测试过程中发生故障，则需要判定设备在抗扰度方面存在问题，并提供相应的改进措施。

测试结果

EUT	VGA	Model Name	A1660-6T17,GeForce GTX 1660 Ti AERO ITX 6G OC
Temperature	25℃	Relative Humidity	50%
Test Voltage	AC 230 V/50 Hz		
Test Mode	FULL SYSTEM(HDMI+DP+DVI)		

EUT Ports Tested		Polarity	Repetition Frequency	Test Level 1 kV	Criterion	Result	Judgment
AC 电源端口	Line(L)	+	5 kHz	A	B	A	PASS
		−	5 kHz	A			
	Neutral(N)	+	5 kHz	A	B	A	PASS
		−	5 kHz	A			
	Ground(PE)	+	5 kHz	A	B	A	PASS
		−	5 kHz	A			
	L+N	+	5 kHz	A	B	A	PASS
		−	5 kHz	A			
	L+PE	+	5 kHz	A	B	A	PASS
		−	5 kHz	A			
	N+PE	+	5 kHz	A	B	A	PASS
		−	5 kHz	A			
	L+N+PE	+	5 kHz	A	B	A	PASS
		−	5 kHz	A			

图 4-18　EFT 测试结果

测试结果应依据 EUT 的功能丧失或性能降级进行分类。相关的性能水平由设备的制造商或测试的需求方确定，或由产品的制造商和购买方双方协商同意。

建议按如下要求分类：

(1)在制造商、委托方或购买方规定的限值内性能正常。

(2)功能或性能暂时丧失或降低，但在骚扰停止后能自行恢复，不需操作者干预。

视 频

EFT测试

(3)功能或性能暂时丧失或降低，但需操作者干预才能恢复。

(4)因设备硬件或软件损坏，或数据丢失而造成不能恢复的功能丧失或性能下降。

通常产品类标准会规定性能标准，则以产品类标准的要求为准。

总之，EFT 测试结果(见图 4-18)的准确评估和数据判定对于判断设备的抗扰度性能至关重要。通过数据分析、故障记录和适当的数据判定方法，可以获得准确的测试结果，并提供相应的改进建议，以确保设备在真实工作环境中具备良好的抗扰度能力。

任务决策

任务四　课前任务决策单

一、学习指南

1. 任务名称

瞬态脉冲抗扰度测试

2. 达成目标

3. 学习方法建议

4. 课前预习心得

二、学习任务

学习任务	学习过程	学习建议
子任务1：明确任务	明确学习任务，查找资料，填写课前任务决策单	阅读相关知识，查看资料，独立思考。初步感知，为下一步的学习和思考奠定基础
子任务2：课前预习	课前预习疑问： (1)______ (2)______ (3)______	可以围绕以上问题展开研究，也可以自主确立想研究的问题

任务实施

任务四　课中任务实施单

一、学习指南

1. 任务名称

瞬态脉冲抗扰度测试

2. 达成目标

3. 学习方法建议

4. 熟悉测试仪器设备

二、任务实施

任务实施	实施过程	学习建议
子任务3： 分组讨论 分工合作	(1)EFT测试仪器的架设。 (2)EFT测试软件的操作。 (3)EFT容性耦合夹的布置。 (4)EFT电源端口、信号端口的设置	(1)就你最感兴趣的问题,寻找同伴形成小组进行研究,可单人研究一个主题。 (2)关于小组合作,提出几点建议: ①合理分工,发挥长处。 ②互帮互助,团结协作。 ③虚心学习,取长补短。 (3)登录超星平台搜索"电磁兼容检测技术与应用"课程。 提醒:信息庞杂一定要注意筛选与整理
子任务4: 数据判定 成果展示	(1)EFT测试数据记录及结果判定。 (2)仪器设备图片展示。包括信号分析仪、人工电源网络。 (3)EFT测试内容展示	登录学习通课程网站,完成拓展任务:对电源适配器进行EFT测试

任务四　课后评价总结单

一、评价

1. 学习成果

2. 自主评价

3. 学后反思

二、总结

<table>
<tr><th>项　　目</th><th>学习过程</th><th>学习建议</th></tr>
<tr><td>展示交流
研究成果</td><td>（1）仪器设备展示的方式：________
（2）辐射测试内容展示的方式：________</td><td>作品呈现方式建议：
PPT、视频、图片、照片、文稿、手抄报、角色表演的录像等。
学习成果的分享方式：
（1）将学习成果上传超星平台；
（2）手机、电话、微信等交流</td></tr>
<tr><td>多方对话
自主评价</td><td>

项　　目	优	良	中	及格	不及格
按时完成任务					
搜索整理信息能力					
小组协作意识					
汇报展示能力					
创新能力					

</td><td>（1）评价自我学习成果，评价其他小组的学习成果；
（2）评价方式.
优：四颗星；
良：三颗星；
中：两颗星；
及格：一颗星</td></tr>
<tr><td>学后反思
拓展思考</td><td>总结学习成果：
（1）我收获的知识：________
（2）我提升的能力：________
（3）我需要努力的方面：________</td><td>总结过后，可以登录超星平台，挑战一下“拓展思考”，在讨论区发表自己的看法</td></tr>
</table>

任务五 工频磁场抗扰度测试(PMF)

相关知识

一、工频磁场抗扰度测试的定义及意义

1. 定义

工频磁场的抗扰度试验可用于评价处于工频(连续和短时)磁场中的家用、商用和工业用电气和电子设备的性能,尤其适合于计算机监视器、电能表等一类对磁场敏感设备的磁场抗扰度试验。

在正常情况下,由工频电流所产生的稳定磁场相对较小,但在故障状态下,电流所产生的磁场就比较强,不过,持续时间较短(对熔断器保护来说,大约是几毫秒;对保护继电器,最大可能达到3～5 s)。为了检查设备与系统在附近导体有工频电流通过时,对磁场骚扰的抗干扰能力,已公布了GB/T 17626.8和IEC 61000-4-8标准。有些设备,像计算机的监视器、电子显微镜等一类设备在工频磁场作用下会产生电子束的抖动;对电能表等一类设备,在工频磁场作用下程序会产生紊乱、内存数据丢失和计度误差;对内部有霍尔元件等一类对磁场敏感器件所构成的设备,在磁场作用下会出现误动作(以电感式接近开关为例,可能出现定位的不准确)。因此,用工频磁场发生器对上述设备进行磁场骚扰的抗扰度试验具有特殊意义。

已知的能进行工频磁场抗扰度试验的实验室有环境可靠性与电磁兼容试验中心、航天环境可靠性试验与检测中心等。

2. 意义

有些设备,像计算机的监视器、电子显微镜等一类设备在工频磁场作用下会产生电子束的抖动;对电能表等一类设备,在工频磁场作用下程序会产生紊乱、内存数据丢失和计度误差;对内部有霍尔元件等一类对磁场敏感器件所构成的设备,在磁场作用下会出现误动作(以电感式接近开关为例,可能出现定位的不准确)。因此,用工频磁场发生器对上述设备进行磁场骚扰的抗扰度试验具有特殊意义。

举例:变电站为了减少输电过程中的能量损耗,远程输电需要使用高压。在我国,常规的远程输电电压,在300 km以内是220 kV,更远的是500 kV。

要把这些电能传到居民家中,就需要先通过变电站降压。一般情况下,每个城市的边缘或市中心都至少有一个220 kV变电站,将输电电压由220 kV降至110 kV,向位于负荷中心的110 kV变电站供电。同理,110 kV变电站的作用就是将输送到负荷中心的110 kV电压降低到10 kV并可靠地配送到位于建在每栋高层居民楼下的10 kV配电房的变压器,以最终将10 kV降压到380 V/220 V供广大居民使用。

工频电磁场(EMF)对人体的影响,最多是电磁场本身的潜在危害。有人认为,由于生物机体内部也有电场,外界的电场可能会对其产生影响,导致机体功能紊乱,但这一理论并未得到证实。要知道,生物体自身的电磁场至少要比EMF磁场强100倍。

案例1 电磁辐射

通电导线的周围会产生电磁场,而交变的电磁场会辐射出电磁波,但这需要有一个前提——天线。按照天线理论,要想成为有效的辐射源,其天线必须具有与电磁场的工作波长可比的长度。

“电磁辐射”是针对频率较高的空间电磁波而言，而对于波长为6 000 km的工频电磁场，输电线路本身长度远不足以构成有效的“发射天线”，因而不能形成有效的电磁能量辐射。

典型的输电线路辐射能量比在晴朗的夜晚由满月送到地球表面的辐射能量还要小2 000倍。因此，在电磁环境与公众健康领域，国际社会拒绝采用“电磁辐射”这一不适当概念。(1英寸=2.54 cm)

案例2 致癌说

有些专家给出的调查数据，实际只是从中截取了有利于证明“工频磁场致癌”的部分，这种言论并不负责任。国际肿瘤研究所确实将工频磁场列为可疑致癌物，但其等级为最低的2B类，与咖啡可能致癌等同，并且没有建立起科学的证明。

案例3 安全距离

电力部门之所以在变电站和居民楼之间留出一定距离，只是出于用电安全及消防考虑，并不是变电站对居民的健康有危害的原因。

案例4 电磁波过敏

国外也有这样一群人，声称自己对电磁波“过敏”。他们在卧室中安装隔绝装置，在房顶、墙壁和床下用箔做绝缘体，并且每晚睡在定制的镀银睡袋里以隔绝电磁场。为此逃离现代社会，躲到深山老林去住山洞的也大有人在。

2004年10月，世界卫生组织在捷克布拉格设置了一个实验室，专门研究电磁波过敏症问题。研究发现，没有证据表明，电磁波过敏症与接触电磁场有关联，因为就分辨电磁场的能力而言，那些自称患有电磁波过敏症的人与其他人没有差别。研究报告指出，电磁波过敏症的产生可能源于精神作用，或者因为相信有电磁波过敏症的存在，从而产生心理暗示，进而产生心理压力。另外，英国埃塞克斯大学的研究员也在2007年进行了类似实验。实验结果显示，自称患有电磁波过敏症的人其实察觉不到电磁波的存在。

医学专家如今普遍认为，像电磁波过敏症这样的病症根本不会存在，只是“患者”自己的妄想罢了。人们对看不见摸不着的电磁波的畏惧，是对自己不熟悉事物的天然拒斥。

二、场地布置及系统架设

PMF测试，即工频磁场抗扰度测试，是电磁兼容性（EMC）测试的一部分，用于评估电子设备在工频（通常为50 Hz或60 Hz）磁场下的抗扰度。进行PMF测试时，场地布置和系统架设需要遵循相关的标准和规范，以确保测试的有效性和准确性。以下是PMF测试场地布置及系统架设的一般步骤和要点：

1. 测试场地选择

选择一个符合EMC测试要求的场地，如屏蔽室或半电波暗室，以减少外部电磁干扰对测试结果的影响。

2. 测试设备布置

将受试设备（EUT）放置在距离地面和墙壁一定距离的位置，以避免反射和其他干扰。确保EUT的电源线、信号线和控制线按照测试要求进行布置和连接。

3. 磁场发生器架设

磁场发生器应放置在能够产生均匀磁场的区域，通常需要一个开阔的空间来避免磁场分布不均。

工频磁场发生器的配置应根据测试标准(如 IEC 61000-4-8)来设置,以产生所需强度和波形的磁场。

4. 测量设备连接

使用磁场探头或磁强计来监测和记录 EUT 周围的磁场强度。测量设备应通过适当的接口与数据记录系统连接,并确保测量信号的准确性。

5. 接地和参考平面

确保测试场地、EUT 和所有测量设备都有良好的接地,以减少地环路干扰。使用接地参考平面(如金属板)作为测试的基准,确保所有设备在同一参考平面上操作。

6. 安全措施

在测试过程中,确保所有人员和设备的安全,遵循 EMC 测试的安全规程。使用适当的保护设备,如浪涌保护器(SPD),以防止意外的过电压损坏 EUT。

三、测试方法及步骤

1. 高压线测试方法

(1)电场和磁感应强度:

选点:以档距中央导线最低点线路中心的地面投影点为测试原点。

测距:沿垂直于线路方向进行,测点间距为 5 m,顺序测至边相导线地面投影点外 50 m 处止。测量高度:1.5 m。

(2)无线电干扰场强:

选点:档距中央附近,距线路末端 10 km 以上。若受条件限制,应不少于 2 km,测量点应远离线路交叉及转角。点位应设置在距边相导线地面投影点 20 m 处,PMM9010 型干扰测试接收机图如图 4-19 所示。

参考测量频率为 0.5 × (1 ± 10%) MHz,变电站监测如图 4-20 所示。测量目的:了解高压输变电设备所产生的 150 kHz ~ 30 MHz 电磁波信号对通信信号的影响。

图 4-19 PMM9010 型干扰测试接收机图

图 4-20 变电站监测

2. 变电站测试方法

（1）电场和磁感应强度：

选点：在高压进线处一侧，以围墙为起点，测点间距为 5 m，依次测至 500 m 处为止。

测量高度：1.5 m。

（2）无线电干扰场强：

选点：距最近带电构架投影 20 m 处；围墙外 20 m 处。

3. 工频磁场抗扰度测试步骤

（1）检查磁场试验线圈与工频磁场测试仪连线连接。

（2）选择试验次数、试验间隔持续时间、磁场强度、试验方式、线圈匝数、线圈因数等。

（3）根据检测产品等级要求，选择要求的参数。

四、测试法规要求

工频磁场抗扰度测试是评估电子设备对工频磁场的辐射和感应能力的重要测试之一。为了确保测试的准确性和可比性，许多国家和地区制定了相应的法规和标准，规范了工频磁场测试的方法和要求。

根据不同地区的法规和标准，工频磁场抗扰度测试的要求可能会有所不同。然而，下面介绍的是一些常见的工频磁场抗扰度测试法规要求。

首先，测试设备应符合相关的安全和电磁兼容性标准。这包括设备的电气安全性和抗干扰能力，以确保在测试过程中的安全性和准确性。

其次，测试方法应符合规定的测试程序和要求。测试程序应包括设备的准备工作、测试环境的建立以及测试参数的设置等。同时，还应明确测试中所使用的设备和仪器的规格和准确性要求。

针对测试参数，法规要求通常会规定工频磁场的频率范围和强度水平。频率范围一般为 50 ~ 60 Hz，代表了常见的工频电源频率。而强度水平则是指工频磁场的峰值或均值，通常以安每米（A/m）为单位。工频磁场抗扰度试验等级见表 4-8。

表 4-8　工频磁场抗扰度试验等级

等级	稳定持续磁场/（A/m）	1 ~ 3 s 短时试验等级	说明
1	1	—	有电子束敏感装置使用的坏境
2	3	—	保护良好的环境
3	10	—	受保护的环境
4	30	—	典型的工业环境
5	100	—	严酷的工业环境
×	特定	特定	特殊环境

此外，法规要求还可能包括测试设备的位置和方向，以及测试时间的要求。这些要求有助于确保测试的一致性和可比性，使得不同测试结果可以进行有效比较和评估。

在进行工频磁场测试时，还需要注意测量误差和不确定度的控制。法规和标准通常要求使用符合精确度要求的测量设备，并进行适当的校准和验证。

测试报告的要求也是一项重要的法规要求。测试报告应包含详细的测试方法、测试环境、测试参数设置以及测试结果的记录。同时，测试报告还应包括测试设备的信息、测试人员的资质和认证等。

工频磁场测试法规要求主要包括测试设备的安全和电磁兼容性标准、测试方法和程序的要求、测试参数的范围和强度、设备位置和方向的要求、测量误差和不确定度的控制，以及详细的测试报告要求。遵守这些法规要求可以确保工频磁场测试的准确性和可比性，并为评估设备的工频磁场辐射和感应能力提供可靠的数据依据。

视 频

工频磁场测试1

视 频

工频磁场测试2

五、测试结果及数据判定

在进行工频磁场抗扰度测试后，需要对测试结果进行评估和数据判定，以确定设备对工频磁场的响应能力和符合性。

评估工频磁场抗扰度测试结果的第一步是进行数据分析。需要对测试中获得的磁场数据进行分析，包括磁场强度的测量和波形特征的分析。通过分析磁场数据，可以了解设备在不同位置和方向下的磁场响应情况，从而评估其对工频磁场的感应能力。

除了磁场数据的分析，还需要将测试结果与规定的标准进行比较。工频磁场抗扰度测试的法规和标准通常规定了设备在不同频率和强度水平下应满足的要求。可以将测试结果与这些要求进行比较，以确定设备是否符合规定的抗磁场能力。

在进行数据判定时，需要注意测试结果的误差和不确定性。测量设备的精度和准确性对测试结果的可靠性至关重要。同时，还需考虑其他可能影响测试结果的因素，如测试环境的干扰和设备自身的特性。

数据判定的结果通常分为两类：合格和不合格。如果设备在测试过程中满足了规定的标准和要求，可以判定设备在工频磁场测试中具备良好的抗磁场能力，评估结果为合格。然而，如果设备未能满足规定的要求，则可以判定设备在抗磁场方面存在问题，评估结果为不合格。

对于不合格的测试结果，需要进一步分析和定位问题的原因，并提出相应的改进措施。这可能涉及设备设计、电磁兼容性措施和材料选择等方面的改进。通过改进措施的实施，设备可以提升其抗磁场能力，从而符合规定的要求。

在生成测试报告时，应准确记录测试数据、分析结果和判定结论。测试报告应包括详细的测试方法、测试环境、测试参数设置以及测试结果的记录。同时，还应提供数据分析和判定的依据，并明确评估结果的合格与否。不同相序排列的磁场分布如图 4-21 ~ 图 4-24 所示。

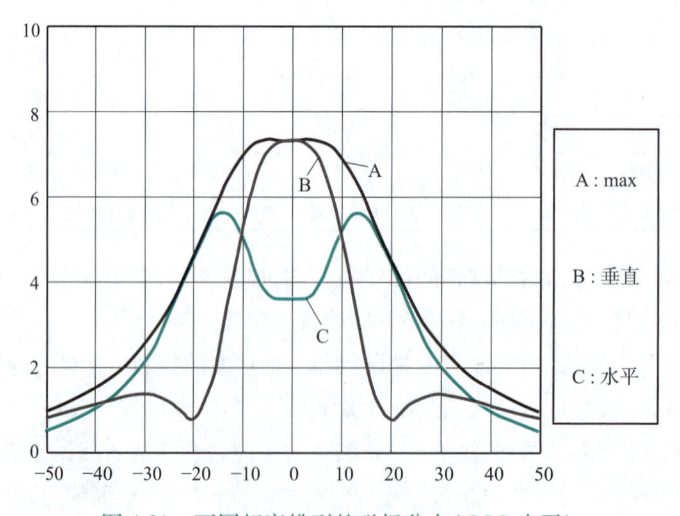

图 4-21　不同相序排列的磁场分布（GGG 水平）

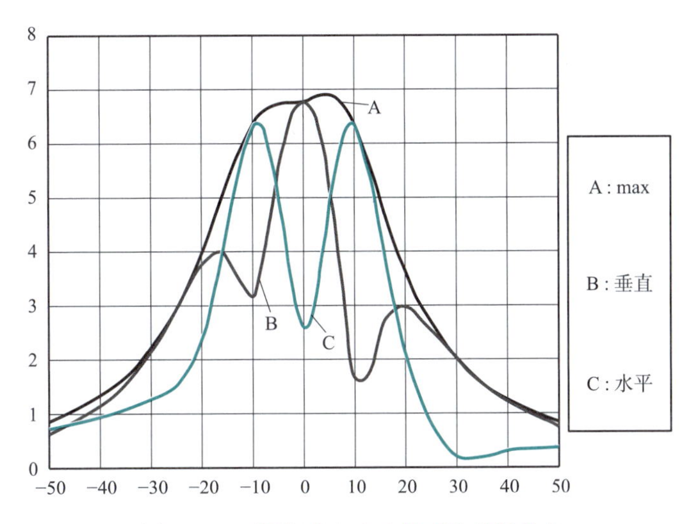

图 4-22　不同相序(BCA)排列的磁场分布

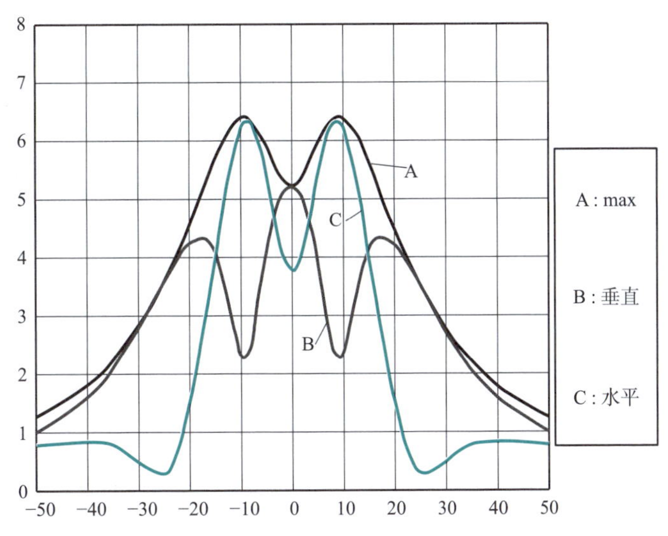

图 4-23　不同相序(BAC)排列的磁场分布

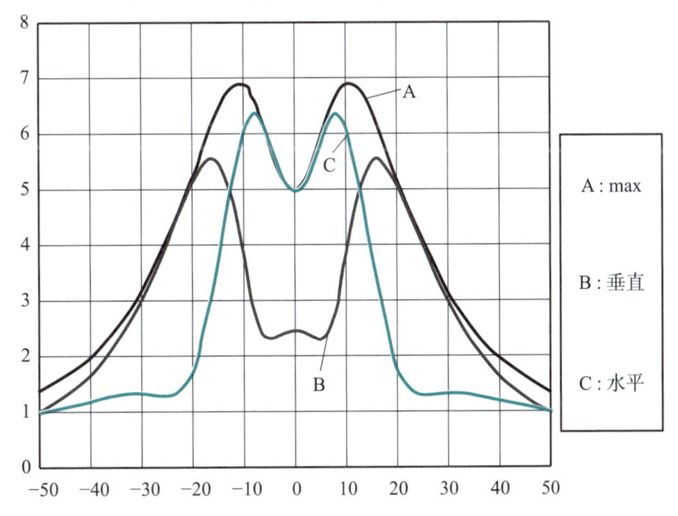

图 4-24　不同相序(ACB)排列的磁场分布

任务决策

任务五　课前任务决策单

一、学习指南

1. 任务名称

工频磁场抗扰度测试

2. 达成目标

3. 学习方法建议

4. 课前预习心得

二、学习任务

学习任务	学习过程	学习建议
子任务1：明确任务	明确学习任务，查找资料，填写课前任务决策单	阅读相关知识，查看资料，独立思考。初步感知，为下一步的学习和思考奠定基础
子任务2：课前预习	课前预习疑问： (1)________ (2)________ (3)________	可以围绕以上问题展开研究，也可以自主确立想研究的问题

任务实施

任务五　课中任务实施单

一、学习指南

1. 任务名称

工频磁场抗扰度测试

2. 达成目标

3. 学习方法建议

4. 熟悉测试仪器设备

二、任务实施

任务实施	实施过程	学习建议
子任务3： 分组讨论 分工合作	(1)PMF测试仪器的架设。 (2)PMF频率和测试点的设置。 (3)PMF电场强度的测试。 (4)PMF磁感应强度的测试	(1)就你最感兴趣的问题，寻找同伴形成小组进行研究，可单人研究一个主题。 (2)关于小组合作，提出几点建议： ①合理分工，发挥长处。 ②互帮互助，团结协作。 ③虚心学习，取长补短。 (3)登录超星平台搜索"电磁兼容检测技术与应用"课程。 提醒：信息庞杂一定要注意筛选与整理
子任务4： 数据判定 成果展示	(1)PMF测试数据记录及结果判定。 (2)仪器设备图片展示。包括信号分析仪、人工电源网络。 (3)辐射测试内容展示	登录学习通课程网站，完成拓展任务：对Wi-Fi进行PMF测试

评价总结

任务五　课后评价总结单

一、评价

1. 学习成果

2. 自主评价

3. 学后反思

二、总结

<table>
<tr><th>项　目</th><th>学习过程</th><th>学习建议</th></tr>
<tr><td>展示交流
研究成果</td><td>(1)仪器设备展示的方式：________
(2)辐射测试内容展示的方式：________</td><td>作品呈现方式建议：
PPT、视频、图片、照片、文稿、手抄报、角色表演的录像等。
学习成果的分享方式：
(1)将学习成果上传超星平台；
(2)手机、电话、微信等交流</td></tr>
<tr><td>多方对话
自主评价</td><td><table>
<tr><th>项　目</th><th>优</th><th>良</th><th>中</th><th>及格</th><th>不及格</th></tr>
<tr><td>按时完成任务</td><td></td><td></td><td></td><td></td><td></td></tr>
<tr><td>搜索整理信息能力</td><td></td><td></td><td></td><td></td><td></td></tr>
<tr><td>小组协作意识</td><td></td><td></td><td></td><td></td><td></td></tr>
<tr><td>汇报展示能力</td><td></td><td></td><td></td><td></td><td></td></tr>
<tr><td>创新能力</td><td></td><td></td><td></td><td></td><td></td></tr>
</table></td><td>(1)评价自我学习成果，评价其他小组的学习成果；
(2)评价方式：
优：四颗星；
良：三颗星；
中：两颗星；
及格：一颗星</td></tr>
<tr><td>学后反思
拓展思考</td><td>总结学习成果：
(1)我收获的知识：________
(2)我提升的能力：________
(3)我需要努力的方面：________</td><td>总结过后，可以登录超星平台，挑战一下“拓展思考”，在讨论区发表自己的看法</td></tr>
</table>

任务六　电压跌落抗扰度测试(DIP)

相关知识

一、电压跌落

电网电压出现电压暂降、短时中断和电压变化是常见现象，这些现象的发生是由于电网故障、突然的大负载变化或连续的负载变化引起的，如图 4-25 所示。

(1)电压暂降。在电器系统某一点的电压突然下降，经过半个周期至几秒的短暂持续时间后恢复正常。

(2)短时中断。供电电压消失一段时间，一般不超过 1 min。短时中断可以认为是 100% 的电压暂降。

(3)电压变化。供电电压逐渐变得高于或低于额定电压，变化的持续时间相对周期来说，可长可短。

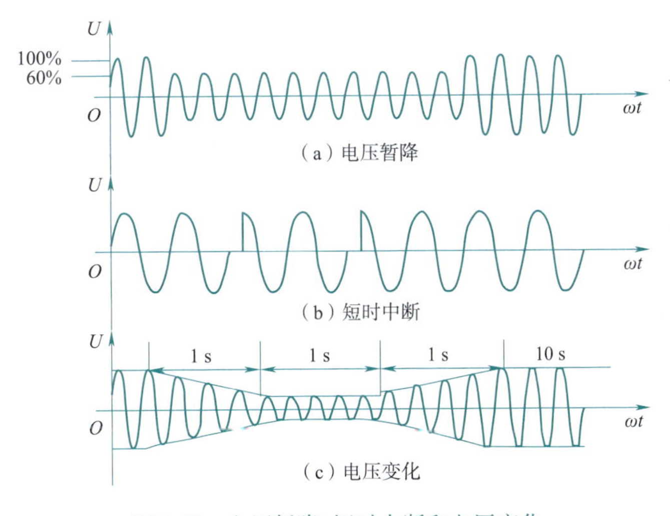

图 4-25　电压暂降、短时中断和电压变化

案例 1　汽车制造业——灵活的自动控制和链式供应生产线管理，由于无序断电和上电，暂降导致部件或加工设备损坏，数字控制设备需重新设置控制流程，影响机器人电焊工的焊接质量，甚至需要重新回炉或电焊程序的重启暂降使得喷漆线突然停止，在火炉控制重启前，需要 30 min 净化空气控制系统。

暂降导致停产的更多时间是花费在整个生产线再启动上。暂降造成商业与民用建筑中的电梯、自动消防与报警系统中止工作。

案例 2　塑料制品聚合加工业、造纸业、玻璃制造业——电力消耗大户电压暂降导致现代化生产线突然停止，意味着重启前需要数小时清除设备内的垃圾，如图 4-26 所示。

案例 3　医疗器械——暂降引起设备不正常工作影响诊断、治疗、手术进行，甚至危及病人的生命。

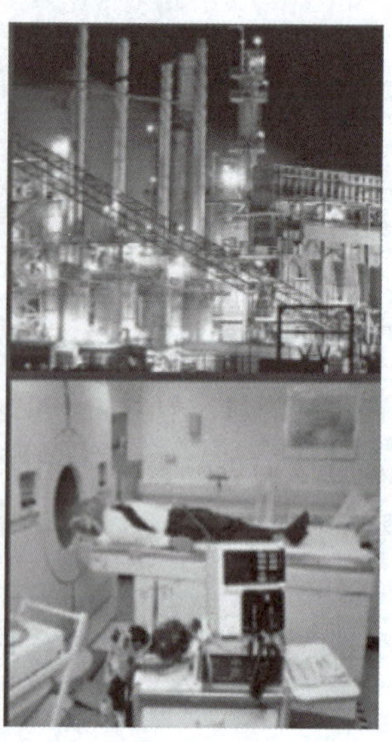

图 4-26　电压暂降危害举例

1. 电压暂降、短时中断和电压变化的原因

1）电压暂降

电压暂降原因：雷击、故障、设备启动等。

恶劣的天气条件是引起电压暂降的主要原因。统计表明，60% 以上的电压暂降都和恶劣的天气（如雷击、暴风雨）有关。系统故障，尤其是系统单相对地故障是造成电压暂降的另一个重要原因。

当电力系统输电线路发生故障时，该线路上甚至几百米开外的电力用户依然会受到影响，其正常工作状态受到干扰。此外，一些大负荷（如大电机、炼钢电弧炉等）突然启动时伴随的电流严重畸变现象也会导致该负荷所连接的母线电压发生暂降。

2）短时中断

短时中断原因：

（1）用户对电力网的过度需求。

（2）暴雨雷击天气。

（3）交通事故破坏电线。

（4）地震及其他灾难等。

3）电压变化

电压变化的原因：

（1）高压电动机启停。

（2）电力系统振荡。

（3）用电较少的夜晚或大负荷没有投入运行的休息日。

2. 电压波动造成的危害

（1）IT 设备。当电压波动超过 40%，持续时间超过 12 个周波（0. 24 s）时，导致数据丢失。

（2）PLC（可编程控制器）。早期的产品，电压低于 10% 时，可工作 15 个周波（0. 3 s）；电压低于 50%～60% 时，停止工作。

（3）数控设备。为保证产品质量和安全，工作电压波动幅度一般为10%。当电压低于此值、持续时间超过2～3个周波（0.04～0.06 s）时，保护性停机。

（4）变频调速。当工作电压低于额定电压70%，持续时间超过6个周波（0.12 s）时停机。精细加工业中的电机，电压波动10%、持续时间超过3个周波时，停机。

（5）电机。当电压波动超过30%～50%、持续时间超过1个周波时，控制开关就会跳闸。

二、测试方法及步骤

1. 测试方法

（1）电压暂降试验应在电源电压过零时进行。在所选试验等级，对受试设备进行连续三次，每次时间间隔至少10 s的试验。

（2）短时中断试验应在电源电压的正、负两个极性分别进行（即在0°和180°开始）。在所选试验等级，对受试设备进行连续三次，每次时间间隔至少10 s的试验。对三相系统，逐相试验优先。在某些情况下，如三相仪表和三相供电装置，三相应同时试验，这种情况下电源的过零条件，只要在其中一相满足要求即可。

2. 测试步骤

（1）分析受试设备。

（2）确定受试设备正常运行条件、典型运行方式。

（3）准备好受试设备正常运行的负载、连接线。

（4）按试验配置接好受试设备。

（5）对每一典型运行方式可先做中断试验三次；再做100%到70%的电压暂降试验三次；最后做100%到40%的电压暂降试验三次；每次试验时间间隔至少10 s。

（6）在每一组试验后，进行全面功能检查，明确每个试验的性能下降情况。

（7）根据以上的检测结果，确定被测样品产生最不利电压暂降和中断的运行状态，并最终试验一次。

（8）试验结束后，做好试验数据、试验条件以及试验中出现的不正常现象的记录。

视频

DIP测试-电压瞬断暂降1

视频

DIP测试-电压瞬断暂降2

三、测试法规要求

GB/T 17626.11规定了优先采用的试验等级，电压暂降、短时中断试验等级见表4-9，电压试验等级见表4-10，评估电能质量标准如图4-27所示。

表4-9　电压暂降、短时中断试验等级

试验等级	电压暂降、短时中断/%	持续时间（周期）/s
0	100	0.5 1
40	60	5 10
70	30	25 50 ×

注:对 0.5 周期,试验应在正、负两个极性分别进行(0°和 180°开始),× 是未定的持续时间。

表 4-10 电压试验等级

电压试验等级	电压减小所需时间	减小电压持续时间	电压增加所需时间
40% U_T	2 × (1 ±20%) s	1 × (1 ±20%) s	2 × (1 ±20%) s
0% U_T	2 × (1 ±20%) s	1 × (1 ±20%) s	2 × (1 ±20%) s
备用	×	×	×

注:U_T表示额定电压。

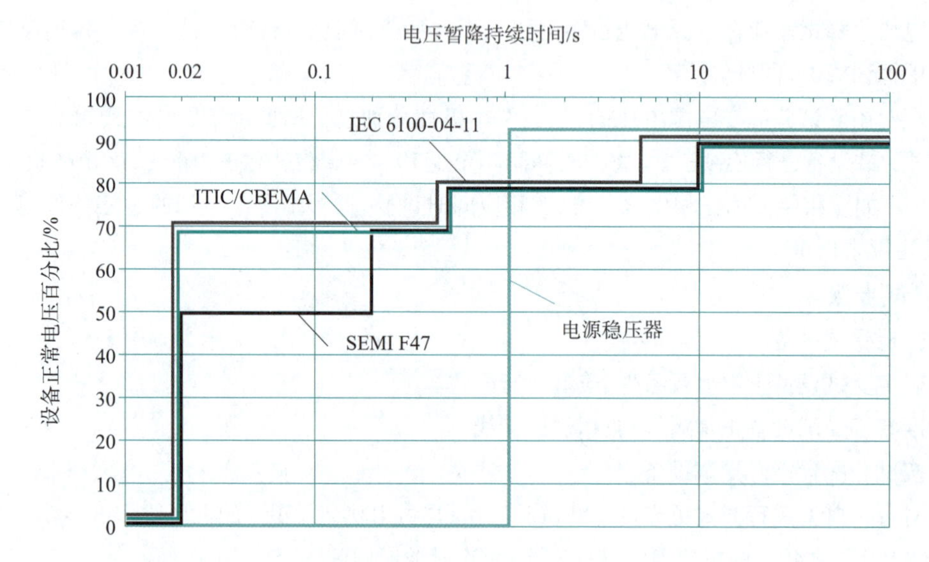

图 4-27 评估电能质量标准

四、测试结果及数据判定

1. 合格判定

(1)测试结果按 GB 4343(CISPR 14-2)中的要求判定。

(2)暂时的功能丧失是允许的,只要功能是自恢复或通过控制操作或用任何使用说明中规定的操作是能恢复的。

(3)一般来说,受试设备如能对所有的试验周期表现出抗扰性,且在试验结束后,受试设备能全部满足技术规范中说明的功能要求,就认为试验结果是肯定的。

(4)试验后,受试设备不能变得危险或不安全。

2. 典型设备的暂降敏感曲线

耐受或过渡电压暂降的能力,又称电压暂降承受值或容忍值,是指确保设备正常运行所能容忍的最低电压值与承受时间。

用户设备对电压暂降的容忍性表现为电压暂降敏感曲线(最小暂降承受值与持续时间的函数关系),如图 4-28 所示,国际上最早称之为 CBEMA 曲线,设备电压暂降敏感曲线如图 4-29 所示。

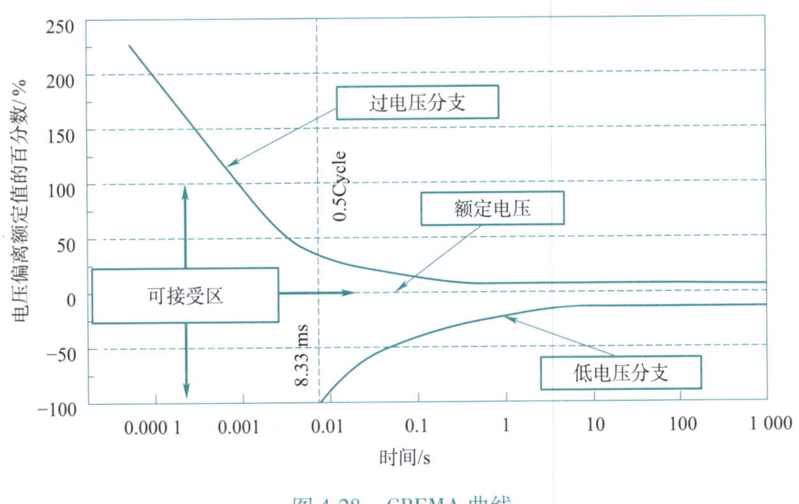

图 4-28　CBEMA 曲线

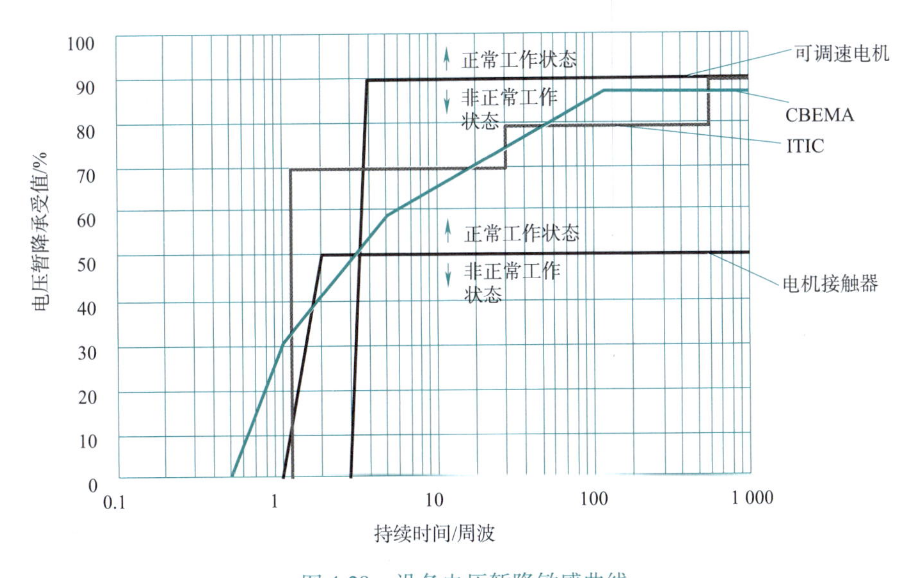

图 4-29　设备电压暂降敏感曲线

任务决策

任务六　课前任务决策单

一、学习指南

1. 任务名称

电压跌落抗扰度测试

2. 达成目标

3. 学习方法建议

4. 课前预习心得

二、学习任务

学习任务	学习过程	学习建议
子任务1：明确任务	明确学习任务，查找资料，填写课前任务决策单	阅读相关知识，查看资料，独立思考。初步感知，为下一步的学习和思考奠定基础
子任务2：课前预习	课前预习疑问： (1)________ (2)________ (3)________	可以围绕以上问题展开研究，也可以自主确立想研究的问题

任务实施

任务六　课中任务实施单

一、学习指南

1. 任务名称

电压跌落抗扰度测试

2. 达成目标

3. 学习方法建议

4. 熟悉测试仪器设备

二、任务实施

任务实施	实施过程	学习建议
子任务3： 分组讨论 分工合作	(1)DIP测试仪器的架设。 (2)DIP测试软件的操作。 (3)电压暂降、短时中断以及电压变化的判定	(1)就你最感兴趣的问题，寻找同伴形成小组进行研究，可单人研究一个主题。 (2)关于小组合作，提出几点建议： ①合理分工，发挥长处。 ②互帮互助，团结协作。 ③虚心学习，取长补短。 (3)登录超星平台搜索“电磁兼容检测技术与应用”课程。 提醒：信息庞杂一定要注意筛选与整理
子任务4： 数据判定 成果展示	(1)DIP测试数据记录及结果判定。 (2)仪器设备图片展示。包括信号分析仪、人工电源网络。 (3)DIP测试内容展示	登录学习通课程网站，完成拓展任务：对实验室电路进行DIP测试

评价总结

任务六　课后评价总结单

一、评价

1. 学习成果

2. 自主评价

3. 学后反思

二、总结

<table>
<tr><th>项　　目</th><th>学习过程</th><th>学习建议</th></tr>
<tr><td>展示交流
研究成果</td><td>(1)仪器设备展示的方式：________
(2)辐射测试内容展示的方式：________</td><td>作品呈现方式建议：
PPT、视频、图片、照片、文稿、手抄报、角色表演的录像等。
学习成果的分享方式：
(1)将学习成果上传超星平台；
(2)手机、电话、微信等交流</td></tr>
<tr><td>多方对话
自主评价</td><td><table><tr><th>项　　目</th><th>优</th><th>良</th><th>中</th><th>及格</th><th>不及格</th></tr><tr><td>按时完成任务</td><td></td><td></td><td></td><td></td><td></td></tr><tr><td>搜索整理信息能力</td><td></td><td></td><td></td><td></td><td></td></tr><tr><td>小组协作意识</td><td></td><td></td><td></td><td></td><td></td></tr><tr><td>汇报展示能力</td><td></td><td></td><td></td><td></td><td></td></tr><tr><td>创新能力</td><td></td><td></td><td></td><td></td><td></td></tr></table></td><td>(1)评价自我学习成果，评价其他小组的学习成果；
(2)评价方式：
优：四颗星；
良：三颗星；
中：两颗星；
及格：一颗星</td></tr>
<tr><td>学后反思
拓展思考</td><td>总结学习成果：
(1)我收获的知识：________
(2)我提升的能力：________
(3)我需要努力的方面：________</td><td>总结过后，可以登录超星平台，挑战一下“拓展思考”，在讨论区发表自己的看法</td></tr>
</table>

一、填空题

1. 抑制电磁干扰的三大技术措施是________、________和________。

2. 常见的机电类产品的电磁兼容标志有中国的________标志、欧洲的________标志和美国的________标志。

3. IEC/TC 77 主要负责制定频率低于________和________等引起的高频瞬间发射的抗扰性标准。

4. 电容性干扰的干扰量是________；电感性干扰在干扰源和接受体之间存在________；电路性干扰是经________耦合产生的。

5. 辐射干扰源可归纳为________辐射和________辐射。如果根据场区远近划分，________主要是干扰源的感应场，而________呈现出辐射场特性。

6. 电磁干扰耦合通道非线性作用模式有互调制、________和________。

7. 静电屏蔽必须具备完整的________和良好的________。

二、简答题

1. 静电的影响因素有哪些？具有什么样的关系？

2. 静电放电有哪几种方法？

3. 空气放电法和接触放电法有哪几个级别？分别对应的测试电压是多少？

4. 辐射抗扰度主要是防止哪些干扰？这些干扰在什么频率范围？

5. 某杂散频谱比载波低 20 dB，载波幅值为 5 V，请问杂散波幅值为多少？

6. EFT 是怎么产生的？

7. 电快速脉冲群抗扰度试验依据的中国标准和国际标准分别是哪些？

8. EFT 测试方式是什么？

9. 简述架空线路布点方法。

10. 简述高压输变线影响工频电场强度的主要因素。

项目五 雷击浪涌测试（surge）

知识目标

1. 熟悉雷击浪涌的概念及测试原理；
2. 熟悉雷击浪涌的术语及危害；
3. 熟悉雷击浪涌的硬件设备及测试条件；
4. 熟悉雷击浪涌测试的软件设置；
5. 熟悉雷击浪涌测试标准及要求。

技能目标

1. 会雷击浪涌测试的方法及步骤；
2. 会雷击浪涌测试设备的操作；
3. 会雷击浪涌测试软件的使用方法；
4. 会雷击浪涌测试结果的分析及判读；
5. 能对常见测试问题进行分析、判断，找出原因并提出解决方案。

素质目标

1. 培养爱岗敬业、团队协作的精神；
2. 培养安全意识、操作规范；
3. 增强创新创意、职业素养；
4. 培养求真务实、实践创新、精益求精的精神。

任务一 浪涌测试

相关知识

一、雷击浪涌

浪涌是瞬间出现超出稳定值的峰值，它包括浪涌电压和浪涌电流。

浪涌又称突波，顾名思义就是超出正常工作电压的瞬间过电压。本质上讲，浪涌是发生在仅仅几百万分之一秒时间内的一种剧烈脉冲。

引起浪涌的原因有：重型设备的启动、电路短路、电源系统的切换或大型电动机的操作。而含有浪涌阻绝装置的产品可以有效地吸收突发的巨大能量，以保护连接设备免于受损。

浪涌电流是指电源接通瞬间或是在电路出现异常情况下产生的远大于稳态电流的峰值电流或过载电流。

在电子设计中，浪涌主要指的是电源刚开通的那一瞬息产生的强力脉冲。或者由于电源或电路中其他部分受到本身或外来尖脉冲干扰称为浪涌。

电路很可能在浪涌的一瞬间烧坏，如 PN 结电容击穿、电阻烧断等，而浪涌保护就是利用线性元器件对高频敏感的特性而设计的保护电路，简单而常用的是并联电容和串联电感。

浪涌测试主要是为了模拟两种现象，即雷击和切换瞬变。

1. 雷击

(1)直接雷击。雷电击中户外线路，有大量电流流入外部线路阻抗或接地电阻，因而产生干扰电压。

(2)间接雷击(如云层中或云层间的雷击)。在线路上感应出电压或电流，或者雷电击中了邻近物体，在其周围建立了电磁场；当户外线路穿过电磁场时，在线路上感应出了电压和电流。

(3)雷电击中了附近的地面，地电流通过公共接地系统时产生感应电压。

2. 切换瞬变

(1)主电源系统切换时(如补偿电容组的切换)产生的干扰。

(2)同一电网中，在靠近设备附近有一些较大型的开关在跳动时所形成的干扰。

(3)切换有谐振线路的晶闸管设备所形成的干扰。

(4)各种系统性的故障(如设备接地网络或接地系统间产生的短路或拉弧故障)。

应建立一个共同标准来评价电气和电子设备抗浪涌干扰的能力。

二、场地布置及设备

由于线路的阻抗不一样，浪涌在不同线路上的波形也不一样，要分别模拟在电源线上和通信线路上的浪涌测试。图 5-1 为组合波信号发生器的电路原理图。其中，U 为高压源；R_e 为充电电阻；C_e 为储能电容；R_{s1} 和 R_{s2} 为脉冲持续时间形成电阻；R_m 为阻抗匹配电阻；L_r 为上升时间形成电感。

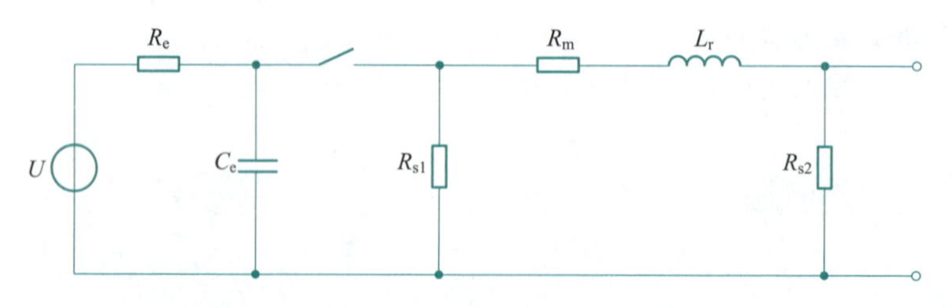

图 5-1　组合波信号发生器的电路原理图

1. 1.2/50 μs 组合波信号发生器

1.2/50 μs 组合波信号发生器应具有以下基本性能要求：

（1）开路输出电压（峰值）：±0.5 ~ ±4 kV。

（2）短路输出电流（峰值）：±0.25 ~ ±2 kA。

（3）发生器内阻：2×（1±10%）Ω（通过附加电阻 10 Ω 或 40 Ω，可形成 12 Ω 或 42 Ω 的发生器内阻）。

（4）浪涌输出极性：正/负。

（5）浪涌移相范围：0°~360°。

（6）最大重复率：至少每分钟一次。

1.2/50 μs ~ 8/20 μs 波形参数的定义见表 5-1。

表 5-1　1.2/50 μs ~ 8/20 μs 波形参数的定义

定义	根据 GB/T 16927.1		根据 IEC 469-1	
	波前时间/μs	半峰值时间/μs	上升时间/s	持续时间/s
开路电压	1.2×（1±30%）	50×（1±20%）	1×（1±30%）	50×（1±20%）
短路电流	8×（1±20%）	20×（1±20%）	6.4×（1±20%）	16×（1±20%）

注：在现行 IEC 中，1.2/50 μs 和 8/20 μs 波形通常按 GB/T 16927.1 规定；其他的 IEC 推荐标准按 IEC 469-1 规定。对本部分，两种定义都是有效的，但所指的是同一信号发生器。

1.2/50 μs 组合波信号发生器输出端的开路电压波形如图 5-2 所示，8/20 μs 组合波信号发生器输出端的短路电流波形如图 5-3 所示。

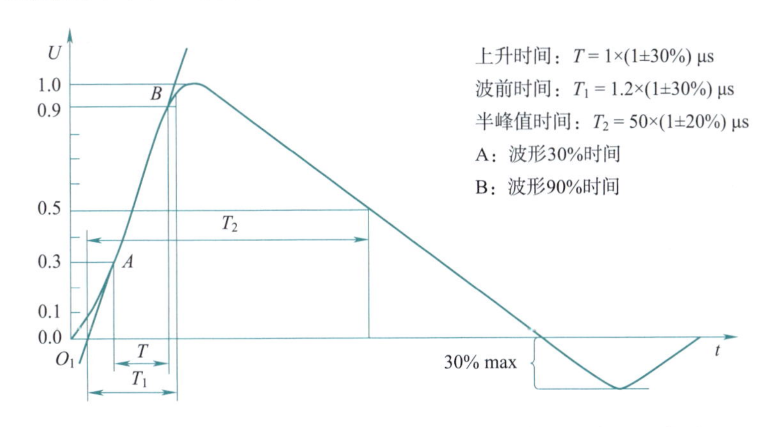

图 5-2　1.2/50 μs 组合波信号发生器输出端的开路电压波形

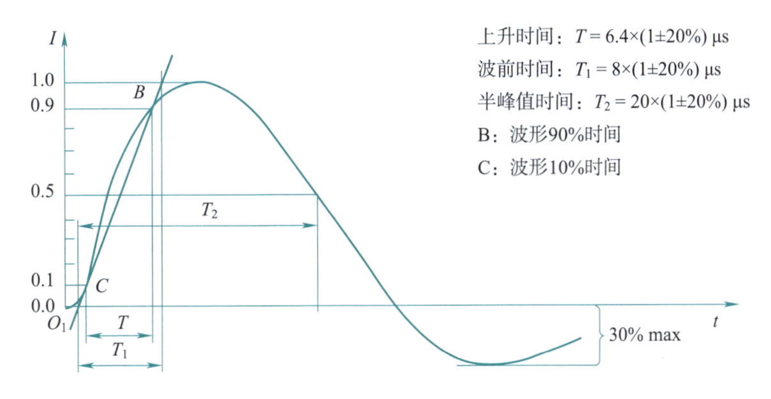

图 5-3　8/20 μs 组合波信号发生器输出端的短路电流波形

2. 10/700 μs 组合波信号发生器

用于通信线路测试的10/700 μs 组合波信号发生器的电路原理图如图5-4所示。其中，U为高压源；R_e为充电电阻；C_e为储能电容；R_s为脉冲持续时间形成电阻；R_{m1}和R_{m2}为阻抗匹配电阻；C_s为上升时间形成电容；S为匹配电阻切换开关，使用外部匹配电阻时，开关闭合。

信号发生器产生的浪涌波形，开路电压波前时间为10 μs，开路半峰值时间为700 μs。10/700 μs 组合波信号发生器应具有以下基本性能要求：

(1)开路峰值输出电压(峰值)：±0.5 ~ ±4 kV。

(2)动态内阻:40 Ω。

(3)输出极性:正/负。

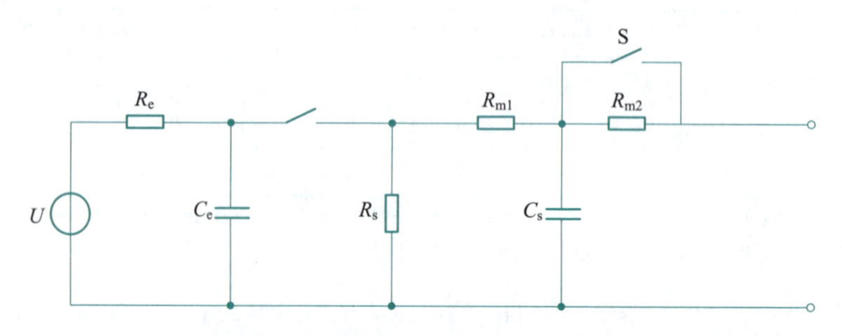

图5-4　组合波信号发生器电路原理图

10/700 ~ 5/320 μs 波形参数的定义见表5-2，10/700 μs 组合波信号发生器输出端的开路电压波形如图5-5所示，5/320 μs 组合波信号发生器输出端的短路电流波形如图5-6所示。

表5-2　10/700 ~ 5/320 μs 波形参数的定义

定义	根据 GB/T 16927.1		根据 IEC 469-1	
	波前时间/μs	半峰值时间/μs	上升时间/s	持续时间/s
开路电压	10 × (1 ± 30%)	700 × (1 ± 20%)	6.5 × (1 ± 30%)	700 × (1 ± 20%)
短路电流	5 × (1 ± 20%)	320 × (1 ± 20%)	4 × (1 ± 20%)	300 × (1 ± 20%)

注：在现行IEC中，10/700 μs 和5/320 μs 波形通常按GB/T 16927.1规定；其他的IEC推荐标准按IEC 469-1规定。对本部分，两种定义都是有效的，但所指的是同一信号发生器。

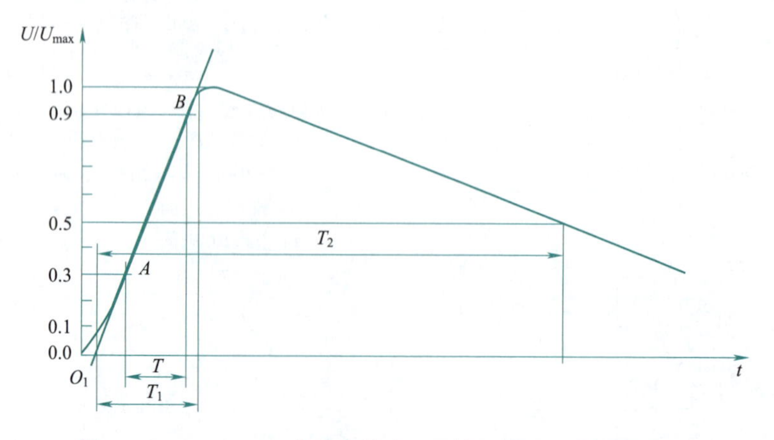

图5-5　10/700 μs 组合波信号发生器输出端的开路电压波形

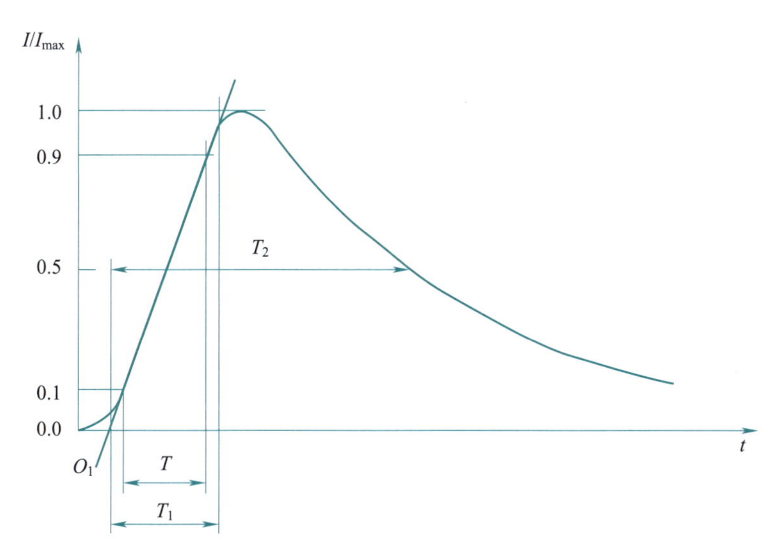

图 5-6　5/320 μs 组合波信号发生器输出端的短路电流波形

3. 耦合/去耦网络

线-线耦合如图 5-7 所示，线-地耦合如图 5-8 所示，线 L_3-线 L_1 耦合如图 5-9 所示。

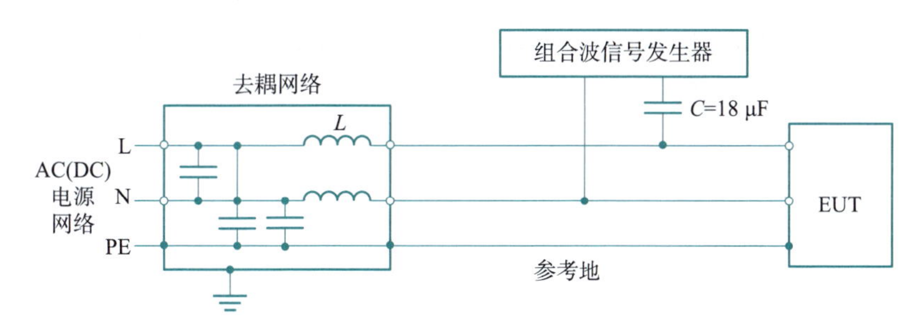

图 5-7　线-线耦合

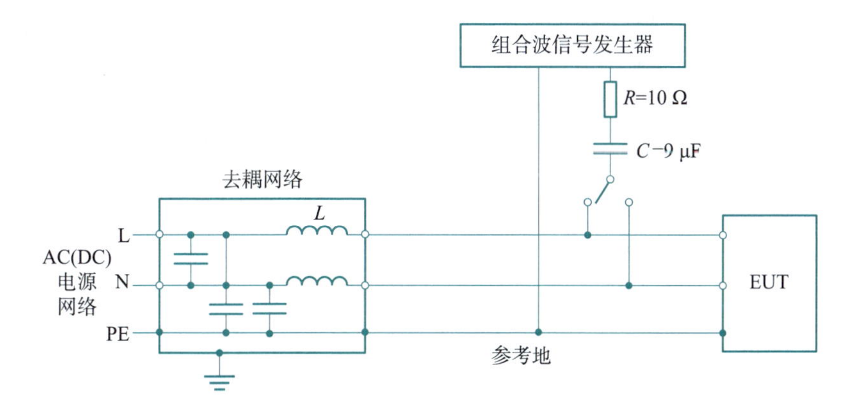

图 5-8　线-地耦合

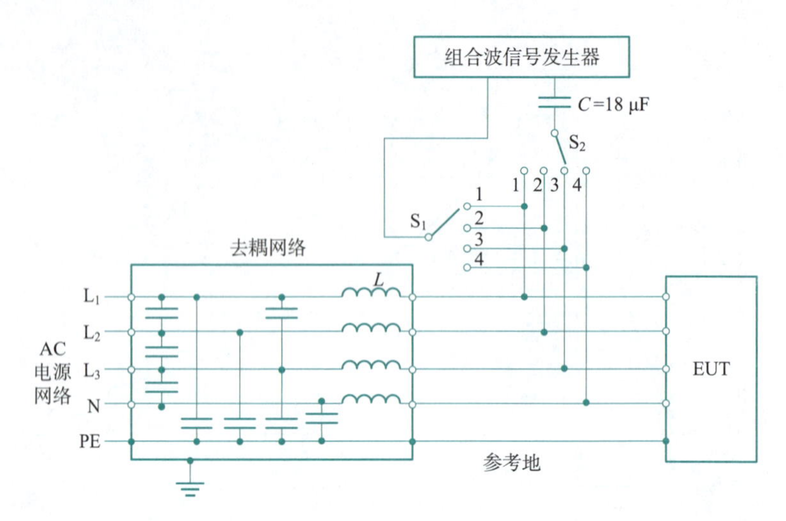

图 5-9　线 L_3-线 L_1 耦合

三、测试配置及方法

1. 测试配置

由于浪涌试验所采用的电压和电流波形较拱、前沿较缓,因此实验室的配置相对静电放电和电快速瞬变脉冲群试验要简单一些。

测试配置包括以下设备:

(1)EUT;

(2)辅助设备(AE)(需要时);

(3)(规定类型和长度的)电缆;

(4)耦合/去耦网络;

(5)参考接地平面。

当可能出现频率较高的情况(如通过气体放电管耦合),以及对屏蔽电缆测试时,需要用金属平板作为参考地,只有当 EUT 的典型安装有连接到参考地的要求时,才需要连接到参考地。

根据 EUT 的端口及外接电缆不同,测试配置也不相同,具体如下:

(1)EUT 电源端的测试配置。1.2/50 μs 的浪涌经电容耦合网络加到 EUT 电源端上,为避免对同一电源供电的非受试设备产生不利影响,并为浪涌波提供足够的去耦阻抗,以便将规定的浪涌施加到受试线缆上,需要使用去耦网络。

如果没有其他规定,EUT 和耦合/去耦网络之间的电源线长度不应超过 2 m。

只有直接连接到交流和直流电源系统的端口才被认为是电源端口。对于没有地线或外部接地连接的双重绝缘产品,测试应按与接地设备类似的方法进行,但是不允许添加额外的外部接地连接。若没有其他接地的可能,可以不进行线到地测试。

(2)非屏蔽不对称双绞线的测试配置。通常,用电容向线路施加浪涌。耦合/去耦网络对受试线路的规定功能状态不应产生影响。替换的测试配置供具有较高信号传输频率的线路使用,应根据传输频率下的容性负载来选择。本方法降低了对 EUT 的容性加载效应,更适合高频电路。如果没有其他规定，EUT 和耦合/去耦网络之间的互连线长度不应超过 2 m。

(3)非屏蔽对称互连/通信线的测试配置。对于对称互连/通信线路，通常不能使用电容耦合的方法，而采用气体放电管耦合的方法，不能规定避雷器触发点（对 90 V 气体放电管而言约为 300 V）以下的试验等级。应考虑以下两种测试配置：

①对仅在 EUT 有二次保护的设备级抗扰度测试配置，用较低的试验等级，如 0.5 kV 或 1 kV。

②对带有一次保护的系统级抗扰度测试配置，用较高的试验等级，如 2 kV 或 4 kV。如果没有其他规定，EUT 和耦合/去耦网络之间的互连线长度不应超过 2 m。

(4)高速通信线的测试配置。由于数据传输速率或传输频率高而不能使用耦合/去耦网络时，可采用 EUT 电源端的试验配置。测试前，应检查端口工作是否正常；然后断开外部连接，不用耦合/去耦网络，直接将浪涌施加在端口的接线端上，在浪涌试验结束后，应再次检查端口工作是否正常。

在浪涌试验过程中，端口断开的 EUT 工作应正常。然而，应当注意到，对于某些未连接数据/通信线的 EUT，它们可能会从内部关闭或断开通信端口。如果可能，应采取措施使数据/通信端口在试验中处于工作状态。

注意：耦合/去耦网络包含低通滤波元件，以阻止浪涌的高频分量通过，但允许低频信号和工频通过。当所需信号的频率超过 100 kHz 或数据传输速率超过 100 kbit/s 时，配合浪涌试验所需的滤波元件将大大衰减有用信号。

(5)屏蔽线的测试配置。对于屏蔽线，耦合/去耦网络不再适用，应使用直接施加或多根屏蔽电缆中对单根电缆测试的可选耦合方法。

①直接施加。EUT 与地绝缘，浪涌直接施加在它的金属外壳上，受试端口的终端（或辅助设备）接地。该测试适用于使用一根或多根屏蔽电缆的设备，除受试端口，所有与 EUT 连接的端口都应该通过合适方法（如安全隔离变压器或合适的耦合/去耦网络）与地隔离。受试端口与连接到该端口的电缆的另一端的装置之间的电缆长度应该是 EUT 规定的最大长度，如果长度超过 1 m，应该按非电感性的结构捆扎。屏蔽线和施加电位差的测试配置如图 5-10 所示。

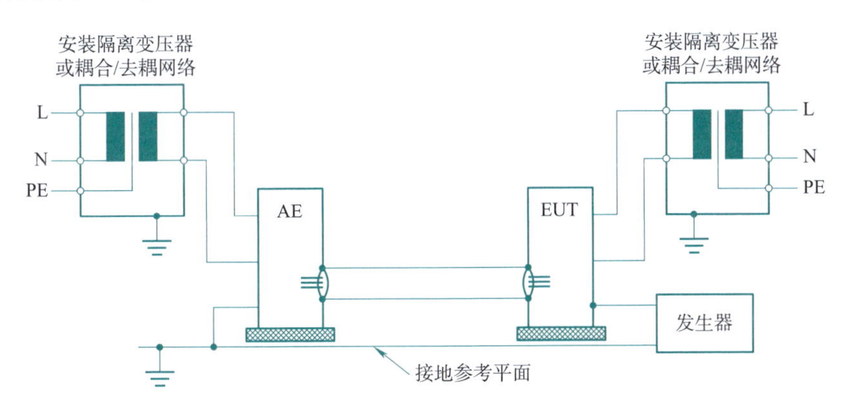

图 5-10　屏蔽线和施加电位差的测试配置

②多根屏蔽电缆中对单根电缆测试的可选耦合方法。用一根导线在尽可能接近受试互连电缆的位置来施加浪涌。这种耦合方法对于两个或多个 EUT（或一个 EUT 和 AE）之间有多个接地连接

的多根屏蔽电缆是有用的,它可以将浪涌施加到一根特定的电缆或一束电缆中,如果每根电缆的典型安装是被捆扎成电缆束的,试验时也应捆扎。

在受试端口和与该端口连接的电缆的另一端的装置之间的电缆长度,应该是 EUT 规定的最大长度或 20 m 中两者取小者。如果长度超过 1 m,则超过的部分应该在电缆的中心位置以 0.3 ~ 0.4 m 的长度捆扎,如果因电缆太多或太硬不易捆扎,或因测试是在用户的安装现场进行的,则在测试报告中,应对超长电缆的处理进行准确说明。

在测试或测量过程中,注入线(TW)用于向系统中注入特定的信号或电流,以便对系统进行测试、诊断或校准。这种注入的信号可以是一种特定的电压、电流、脉冲或其他形式的信号,旨在检测系统的响应、性能或功能。注入线的作用是引入被测系统中的外部信号,以便对系统进行有效的测试和分析。

雷击浪涌测试1

2. 测试方法

(1)根据受试设备的实际使用和安装条件进行布局和配置(部分标准会改变体现波形发生器信号源内阻的附加电阻)。

(2)根据产品要求选择试验电压的等级及试验部位。

(3)在每个选定的试验部位上,正、负极性的干扰至少要各施加 5 次,每次浪涌的最大重复率为每分钟一次(大多数系统用的保护装置在两次浪涌之间要有一个恢复期)。

(4)对于由交流供电的设备,还要考虑浪涌波的注入是否要与电源电压相位同步的问题。除非另有规定,应分别在 0°、90°、180°和 270°等特定的电角度上各施加 5 次正和 5 次负的浪涌脉冲。在直流电源端口和互连线上要分别施加 5 次正和 5 次负的浪涌脉冲。

(5)由于受试设备电压-电流转换特性曲线的非线性,试验电压应该由低到高逐步增加到产品标准的规定值,以避免试验中可能出现的假象。这是因为在高试验电压时,受试设备中可能有某个器件被击穿,泄放了试验电压,从而有可能使试验得以通过。然而在低试验电压时,由于器件未被击穿,因此试验电压全部加在受试设备上,反而使试验无法通过。

(6)浪涌要加在线-线或线-地之间。除非另有规定,进行线-地试验时,试验电压要依次加在每一根线与地之间。但要注意,有时出现标准要求将干扰同时叠加在两根线或多根线对地的情况,这时允许脉冲的持续时间减小一些。

(7)由于试验可能是破坏性的,所以千万不要使试验电压超过规定值。

3. 电话端口的浪涌测试

(1)在下面三种状态下分别实施(2) ~ (7)步测试。

①对受试设备上电,使模拟端口处于接口挂机状态,其余端口处于正常使用状态。

②对受试设备上电,使模拟端口处于接口摘机状态,其余端口处于正常使用状态。

③设备处于断电状态。

(2)施加类型 B 差模干扰:

①差模波形。电压波:9/720 μs;电流波:5/320 μs。

②测试等级。电压最小 1 000 V,电流最小 25 A。

(3)施加类型 B 共模干扰:

①共模波形。电压波:9/720 μs;电流波:5/320 μs。

②测试等级。电压最小 1 500 V,电流最小 37.5 A。

(4)检查设备工作是否正常。

(5)施加类型 A 差模干扰：

①差模波形。电压波：10/560 μs；电流波：10/560 μs。

②测试等级。电压最小 800 V，电流最小 100 A。

(6)施加类型 A 共模干扰：

①差模波形。电压波：10/160；电流波：10/160。

②测试等级。电压最小 1 500 V，电流最小 200 A。

(7)检查设备状态。

4. 电源端口浪涌测试

(1)对受试设备上电，使模拟端口处于接口挂机状态，其余端口处于正常使用状态。

(2)对交流电源端口施加差模浪涌干扰，浪涌波形正负各 3 个。电压设定为 2 500 V，电流为1 000 A。

(3)使模拟端口处于接口摘机状态，其余端口处于正常使用状态。重复步骤(2)。

视频

雷击浪涌测试2

四、测试法规要求

浪涌抗扰度试验所依据的国际标准是 IEC 61000-4-5：2014，对应的国家标准是 GB/T 17626. 5—2019《电磁兼容　试验和测量技术浪涌（冲击）抗扰度试验》。

浪涌（冲击）抗扰度试验就是模拟雷击和切换瞬变带来的干扰影响，但需要指出的是，考核设备电磁兼容性能的浪涌抗扰度试验不同于考核设备高压绝缘能力的耐压试验，前者仅仅是模拟间接雷击的影响（直接的雷击设备通常都无法承受）。

1. IEC 试验等级（见表 5-3）

表 5-3　IEC 试验等级

等级	差模			共模		
	时间	次数	电压	时间	次数	电压
2	60 s	5 次	±0. 5 kV	60 s	5 次	±1 kV
3	60 s	5 次	±1 kV	60 s	5 次	±2 k V
×	待定	待定	待定	待定	待定	待定

注：“×”是一个开放等级，在专用设备技术范围内，必须对该级别加以规定。

2. IEC 等级选择依据（见表 5-4）

表 5-4　IEC 等级选择依据

等级	环境设施特性
1	具有较好保护环境。 例如：工厂或电站的控制室代表此等级环境
2	有一定保护的环境。 例如：无强干扰的工厂
3	普通的电磁骚扰环境，对设备未定特殊安装要求。 例如：普通安装的电缆网络，工业性的工作场所和变电所
×	特殊级，由用户和制造商协商后确定

根据 GB/T 17626.5 和 IEC 61000-4-5 标准内容，企业制定测试标准及性能要求见表 5-5。

表 5-5　企业测试标准及性能

等级	差模试验				共模试验			
	时间	次数	电压	性能判据	时间	次数	电压	性能判据
1	60 s	5 次	±0.5 kV	A	60 s	5 次	±1 kV	A
2	60 s	5 次	±1 kV	A	60 s	5 次	±2 kV	A
3	60 s	5 次	±1.5 kV	A、B	60 s	5 次	±3 kV	A、B
×	待定	待定	待定	待定	待定	待定	待定	待定

性能判据说明：

A. 在规定条件下，设备可以正常工作；

B. 试验中设备出现暂时性的性能下降、功能丧失及复位现象，但过后可自行恢复；

C. 设备出现的暂时性能下降或功能丧失，要由操作人员干预或系统复位后才能恢复；

D. 设备由于元器件的损坏、软件受影响或数据丢失而造成不可恢复的性能下降或功能丧失。

注：EUT 输出直接接到产品供电电源上。

五、测试结果及数据判定

雷击浪涌测试是一种模拟自然界中雷击产生的电磁脉冲对电子设备影响的测试。这种测试是为了评估和确保电子设备在遭受类似雷击的电磁干扰时的稳定性和安全性。测试结果和数据判定通常基于国际标准，如 IEC 61000-4-5 或相应的国家标准。

1. 测试结果

雷击浪涌测试的结果通常包括以下几方面：

(1)设备响应：记录设备在测试过程中的响应，如功能中断、性能降低或其他异常行为。

(2)损坏程度：评估设备是否遭受损坏，包括内部电路的损坏、外壳破裂或其他物理损伤。

(3)恢复时间：测量设备从干扰中恢复到正常工作状态所需的时间。

(4)浪涌电压和电流值：记录施加到设备上的浪涌电压和电流的实际值，以及它们的波形特性。

2. 数据判定

数据判定是基于测试结果和预定的性能标准来进行的。以下是一些常见的判定准则：

(1)性能标准：设备在测试后应满足特定的性能标准，如能够正常开机、无数据丢失、无功能故障等。

(2)损坏判定：如果设备出现损坏，需要根据损坏的性质和程度来判断设备是否符合抗扰度要求。

(3)安全标准：确保设备在测试过程中和测试后不会对操作人员或周围环境造成安全风险。

(4)浪涌保护设备：如果使用了浪涌保护设备，需要验证其是否能够有效地限制浪涌电压和电流，保护被测设备。

3. 电气环境类别

为了确保电子设备能在各种电磁环境中正常运行，对测试的电气环境划分了不同等级，这些分类有助于确定适当的电磁兼容性措施和浪涌保护设备，以保护电子设备免受电磁干扰和过电压的影响。

0 类：保护良好的电气环境，常常在一间专用房间内。所有引入电缆都有过电压保护（第一级和第二级），各电子设备单元由设计良好的接地系统相互连接，并且该接地系统根本不会受到电力设备或雷电的影响。电子设备有专用电源，浪涌电压不能超过 25 V。

1 类：有部分保护的电气环境。所有引入室内的电缆都有过电压保护（第一级）。各设备由地线网络相互良好连接，并且该地线网络不会受电力设备或雷电的影响。电子设备有与其他设备完全隔离的电源。开关操作在室内能产生干扰电压，浪涌电压不能超过 500 V。

2 类：电缆隔离良好，甚至短走线也隔离良好的电气环境。设备组通过单独的地线接至电力设备的接地系统上，该接地系统几乎都会遇到由设备组本身或雷电产生的干扰电压。电子设备的电源主要靠专门的变压器来与其他线路隔离。

本类设备组中存在无保护线路，但这些线路隔离良好，且数量受到限制，浪涌电压不能超过 1 kV。

3 类：电源电缆和信号电缆平行敷设的电气环境。设备组通过电力设备的公共接地系统接地几乎都会遇到由设备组本身或雷电产生的干扰电压。在电力设施内，由接地故障、开关操作和雷击而引起的电流会在接地系统中产生幅值较高的干扰电压。受保护的电子设备和灵敏度较差的电气设备被接到同一电源网络。互连电缆可以有一部分在户外但紧靠接地网。

设备组中有未被抑制的感性负载，并且通常对不同的现场电缆没有采取隔离，浪涌电压不能超过 2 kV。

4 类：互连线作为户外电缆沿电源电缆敷设并且这些电缆被作为电子和电气线路的电气环境设备组接到电力设备的接地系统，该接地系统容易遭受由设备组本身或雷电产生的干扰电压。

在电力设施内，由接地故障、开关操作和雷电产生的几千安级电流在接地系统中会产生幅值较高的干扰电压。电子设备和电气设备可能使用同一电源网络。互连电缆像户外电缆一样走线甚至连到高压设备上。

这种环境下的一种特殊情况是电子设备接到人口稠密区的通信网上。这时在电子设备以外，没有系统性结构的接地网，接地系统仅由管道、电缆等组成，浪涌电压不能超过 4 kV。

5 类：在非人口稠密区电子设备与通信电缆和架空电力线路连接的电气环境。

所有这些电缆和线路都有过电压（第一级）保护。在电子设备以外，没有大范围的接地系统（暴露的装置）。由接地故障（电流达 10 kA）和雷电（电流达 100 kA）引起的干扰电压是非常高的。

任务决策

任务一　课前任务决策单

一、学习指南

1. 任务名称

雷击浪涌测试

2. 达成目标

3. 学习方法建议

4. 课前预习心得

二、学习任务

学习任务	学习过程	学习建议
子任务1：明确任务	明确学习任务，查找资料，填写课前任务决策单	阅读相关知识，查看资料，独立思考。初步感知，为下一步的学习和思考奠定基础
子任务2：课前预习	课前预习疑问： (1)______ (2)______ (3)______	可以围绕以上问题展开研究，也可以自主确立想研究的问题

任务实施

任务一　课中任务实施单

一、学习指南

1. 任务名称

雷击浪涌测试

2. 达成目标

3. 学习方法建议

4. 熟悉测试仪器设备

二、任务实施

任务实施	实施过程	学习建议
子任务3： 分组讨论 分工合作	（1）雷击浪涌测试仪器的架设。 （2）雷击浪涌测试软件的操作。 （3）雷击浪涌接线布置。 （4）去耦网络接线布置	（1）就你最感兴趣的问题，寻找同伴形成小组进行研究，可单人研究一个主题。 （2）关于小组合作，提出几点建议： ①合理分工，发挥长处。 ②互帮互助，团结协作。 ③虚心学习，取长补短。 （3）登录超星平台搜索"电磁兼容检测技术与应用"课程。 提醒：信息庞杂一定要注意筛选与整理
子任务4： 数据判定 成果展示	（1）雷击浪涌测试数据记录及结果判定。 （2）仪器设备图片展示。包括信号分析仪、人工电源网络。 （3）雷击浪涌测试内容展示	登录学习通课程网站，完成拓展任务：对信号发生器进行surge测试

任务一　课后评价总结单

一、评价

1. 学习成果

2. 自主评价

3. 学后反思

二、总结

<table>
<tr><th>项　　目</th><th>学习过程</th><th>学习建议</th></tr>
<tr><td>展示交流
研究成果</td><td>(1)仪器设备展示的方式:____________
(2) surge 测试内容展示方式:____________</td><td>作品呈现方式建议:
PPT、视频、图片、照片、文稿、手抄报、角色表演的录像等。
学习成果的分享方式:
(1)将学习成果上传超星平台;
(2)手机、电话、微信等交流</td></tr>
<tr><td>多方对话
自主评价</td><td><table><tr><th>项　　目</th><th>优</th><th>良</th><th>中</th><th>及格</th><th>不及格</th></tr><tr><td>按时完成任务</td><td></td><td></td><td></td><td></td><td></td></tr><tr><td>搜索整理
信息能力</td><td></td><td></td><td></td><td></td><td></td></tr><tr><td>小组协作意识</td><td></td><td></td><td></td><td></td><td></td></tr><tr><td>汇报展示能力</td><td></td><td></td><td></td><td></td><td></td></tr><tr><td>创新能力</td><td></td><td></td><td></td><td></td><td></td></tr></table></td><td>(1)评价自我学习成果,评价其他小组的学习成果;
(2)评价方式:
优:四颗星;
良:三颗星;
中:两颗星;
及格:一颗星</td></tr>
<tr><td>学后反思
拓展思考</td><td>总结学习成果:
(1)我收获的知识:____________
(2)我提升的能力:____________
(3)我需要努力的方面:____________</td><td>总结过后,可以登录超星平台,挑战一下“拓展思考”,在讨论区发表自己的看法</td></tr>
</table>

任务二 熟悉 EMC 接地技术

相关知识

一、接地的基本概念

接地一般指为了使电路、设备或系统与“地”之间建立通路，而将电路、设备或系统连接到一个作为参考电位点或参考电位面的技术行为。

1. 接地的分类

通常电子设备的“地”有两种含义：一种是接大地，以大地作为零电位，把电子设备的金属外壳、电路基准点与大地相连，有保护设备和人员安全的作用，如保护接地、防雷接地等，通常称为“安全地”。另一种是“系统基准地”，在弱电系统中的接地不一定是指真实意义上与地球相连的接地，有提高系统稳定性、屏蔽保护性以增强系统电磁兼容性的作用，在必要时也可做接大地处理，通常称为“信号地”。

所以，接地可以分为安全接地、接零保护和信号接地三种。安全接地如图 5-11 所示，接零保护如图 5-12 所示，信号接地如图 5-13 所示。

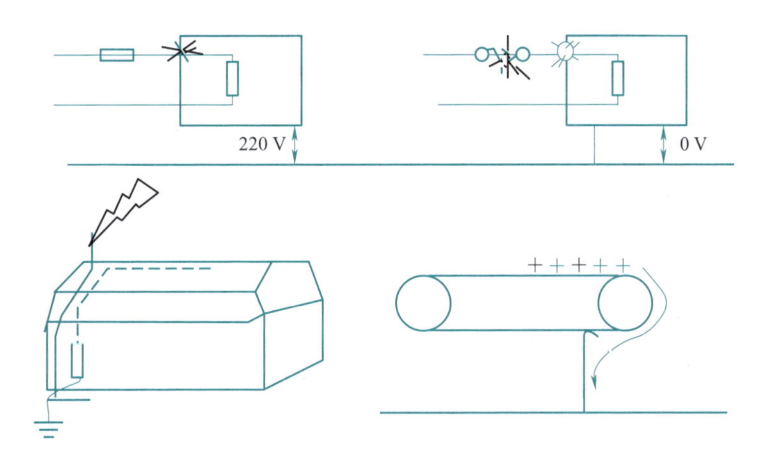

图 5-11　安全接地

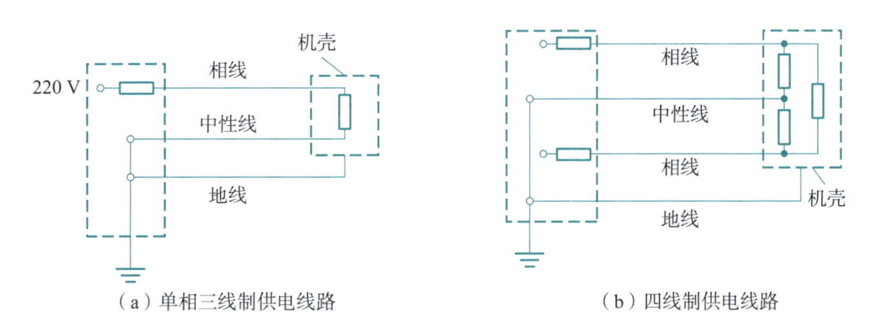

图 5-12　接零保护

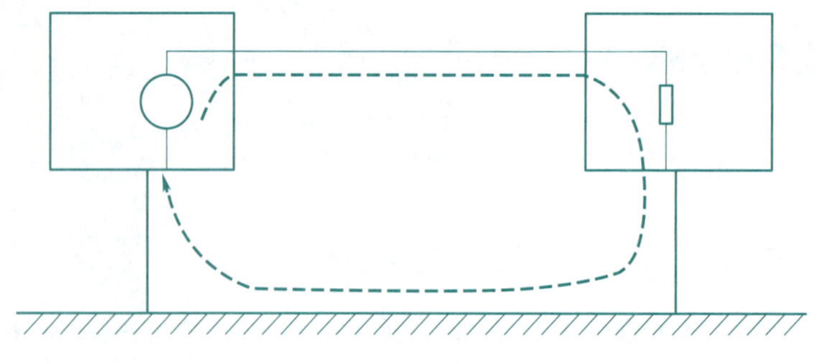

图 5-13　信号接地

2. 接地的要求

(1)理想的接地应使流经地线的各个电路、设备的电流互不影响。

(2)理想的接地导体(导线或导电平面)应是零阻抗的实体,即各接地点之间没有电位差。

3. 安全地

安全地,顾名思义它的作用是保证安全。一般情况下,这里的安全指的是人身安全。安全地通常就是指人们所站立的大地。

许多家用电器,如冰箱、空调等的电源插头都是三个端子,其中中间的一个就是接地用的,还有些电气设备规定了接地电阻要小于多少欧。这个所谓的"地"是什么意思呢?还有,为什么要求接地电阻要很小呢?实际上,这个地就是"安全地",接地电阻足够小是为了保证"安全地"确实能起到安全的作用。

但如果电源线与机箱之间的绝缘层破损,使绝缘电阻 R_g 降低,当人体触及机箱时,流过人体的电流取决于人体的电阻 R_H。如果人站立在绝缘物体上(R_H 较大时),流过人体的电流并不大,不会造成伤害。如果人直接站在大地上(相当于 R_H 较小时),流过人体的电流可能很大,会导致电击的感觉,甚至造成人身伤害。最坏的情况是电源线与机箱之间短路,这时全部电压加在人体上。

若机箱接地,当人站在地面上触摸机箱时,就不会感到电击,这是因为机箱的电位与大地相同,人的身体上没有电压。当电源线与机箱之间的绝缘电阻降低到一定值时,由于漏电流过大就会烧断熔断器或导致漏电保护装置动作。

有些场合,为了对电源线上进行有效的干扰滤波,需要在电源线与屏蔽体之间安装一只容量较大的滤波电容。这时,漏电流往往很大(与容抗有关),会达到数十安,如果地线的电阻较大,就算 4 Ω,尽管屏蔽体接地,屏蔽体上的电压仍然会超过安全电压,对人体造成伤害。这时,就需要严格限制屏蔽体的接地电阻。

另一类需要进行安全接地的场合是为了泄放雷击能量。例如,建筑物上的避雷针就是这种应用。需要注意的是,当雷电击中避雷针时,避雷针的接地导体上流过很大的电流,会在周围产生很强的磁场,这个磁场会在附近设备的电缆(包括电源线和信号线)上感应出很高的电压或很强的电流,导致设备工作不正常甚至损坏。通常称这种现象为浪涌现象。为了防止浪涌使设备损坏,在设备的电缆端口处一般都安装有浪涌抑制器。

浪涌抑制器的原理是当浪涌电压到来时,将这股能量泄放到大地。因此,浪涌抑制器必须接地,否则无法泄放浪涌能量。由于流过浪涌抑制器的瞬间电流会很大(数百乃至上千安),接地的阻抗必须尽可能低，如果接地阻抗很大会有明显的地电位反弹现象。地电位反弹现象对于系统来说是十分有害的，因为如果很多设备连接在一起，这个地电位就会以共模噪声电压的形式影响另一台设备，导致另一台设备的误动作，甚至损坏。

不同物质相互摩擦后会产生静电荷，形成很高的电压和较强的电场，这对许多半导体器件来说是十分有害的。为了消除这种静电现象，需要将可能积累静电荷的物体与大地连接起来，及时泄放掉电荷。这是静电防护中的一项关键措施。例如，接触高敏感半导体器件的人员必须佩戴防静电腕套，这个腕套为了防止人身不慎接触到危险电压时导致伤害，一定要通过一个很大的电阻（兆欧级）接地。

当带有电荷的人体接触到电子设备时，会发生静电放电现象（ESD），这是因为人体上的电荷发生转移所导致的。发生静电放电时会产生很大的电流，这种电流会直接流进设备对其电路造成危害；另外，这种放电电流周围会产生很强的电磁场，影响邻近的电路。这就是进行电磁兼容设计时需要解决的一个问题。

随着开关电源的普遍应用，设备的安全地还有一种特殊的意义。开关电源以其适应电压范围宽、电源利用效率高、体积小而得到了广泛的应用。但是，开关电源的一个主要缺点是会产生很强的电磁干扰。为了通过电磁兼容试验，几乎所有使用了开关电源的设备在电源的入口处都安装了电源线滤波器。电源线滤波器原理图如图 5-14 所示。电路中 C_1 和 C_2 直接与金属机箱连接，因此机箱上的电压为交流 110 V，如果机箱内的电路地与机箱相连接，那么，电路地的电位也是 110 V。这时，如果这个机箱中的电路再与其他接地的设备相连接（电位为 0 V），则两者之间会有交流 110 V 的共模电压。这种共模电压会因为 50 Hz 的干扰耦合进信号电缆而造成信号传输质量下降，甚至导致电路中的器件（如设备 2 中的共模滤波电容 C_3 和 C_2）损坏，如图 5-15 所示。为了避免这种情况发生，所有使用了电源线滤波器的设备都应该接安全地。

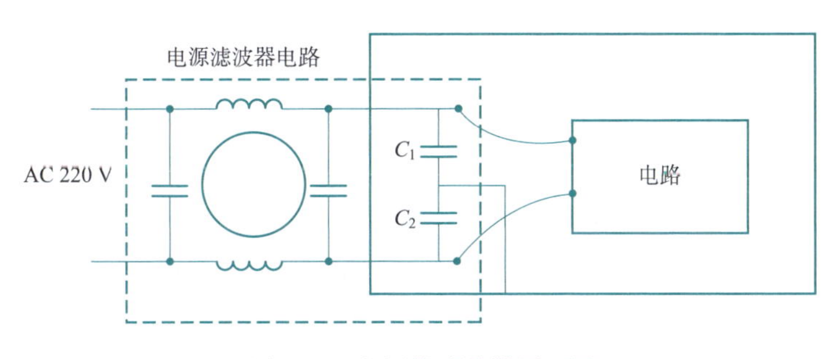

图 5-14　电源线滤波器原理图

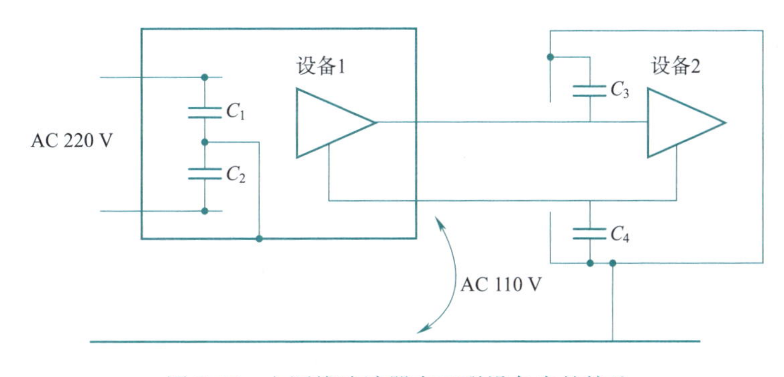

图 5-15　电源线滤波器在互联设备中的接地

4. 信号地

信号地是指电路中各种电压信号的电位参考点，这是大部分电路教科书中对信号地的定义。因此，地线电位为系统中的所有电路提供了一个电位基准。所以在设计电路时，要将所有标有地线符号的点连接到一起，使所有电路具有相同的参考电位。

这个定义与其说是地线的定义，不如说是对地线电位的一种假设。因为，这个定义实际上并没有反映地线的真实情况。也就是说，假设地线上的电位是一定的，就以这个假设的等电位作为整个电路的电位参考点。但是，实际电路的地线上的电位并不是一定的，因此就导致了实际情况与假设前提相矛盾的情况，既然假设的条件都不正确，电路工作异常也就是十分正常的事了。这就是地线所导致的电磁干扰问题。

地线连接不当会导致干扰问题。在调试电路时，可以尝试着改变地线的连接方式，有时仅将地线的连接方式改变一下，干扰问题就会改善，这是因为改变地线连接方式后，地线的电位情况恰好符合了假设条件，也就是说，保持了地线的等电位。

从信号源发送到负载的信号电流最终消失在哪里了？根据电流连续性定律，流进一个节点的电流总量总是等于流出这个节点的电流总量。但是，流进负载的电流，从哪里流出了呢？从信号源流出的电流又从哪里流回信号源呢？实际上，这些电流的路径就是地。只不过在画电路图的时候，没有专门画出地线，而是用一个地线符号来表示，所有的地线符号都需要连接在一起，自然构成了一个电流的回路。

因此，地线更客观的定义应该是，地线电流流回信号源的低阻抗路径。这个定义突出了电流的流动，反映了地线的真实情况。当电流流过有限阻抗时，必然会导致电压降，因此地线上的电位不会相同。这个定义反映了实际地线上的电位情况，这与电路设计中对地线电位的假设完全不同，从而揭开了地线干扰问题的面纱。

另外，这个定义中强调的是低阻抗路径。因为电流的一个特性就是总是选择阻抗最小的通路，地线电流也是如此。通常在设计线路板或进行系统组装时，只是随便地将所有地线符号连接起来，可是这种连接是否真正提供了一条阻抗最小的路径？实际上，所连接的地线并不一定是阻抗最小的路径，也就是说，真正的地线并不一定是实际所连接的那样。

很多工程师并不知道地线电流的真实情况，一旦出现地线导致的干扰问题，往往会感到莫名其妙，也很难找出一个方案来解决。这是因为，在没有认真进行地线设计的情况下，地线电流实际是处于一种不可控的状态，会自己打通一条阻抗最小的路径流回信号源。

综上所述，地线是电流的回流路径，所以其对于电磁干扰来说是相当重要的。地线所导致的电磁干扰问题的实质如下：

(1)地线电流及地线阻抗导致地线各点电位不同，这与地线电位是一定的假设相矛盾，导致电路工作异常。

(2)由于地线设计不当导致信号电流回路面积较大，这种面积较大的电流回路会产生很强的电磁辐射，导致辐射干扰的问题。

(3)较大的信号回路面积会令电路之间的互感耦合增加，导致电路工作异常。

另外，较大的信号回路面积还会增加电路对外界电磁场的敏感性。因此，在设计电路时，要精心设计地线，做到“两小”：地线阻抗要尽量小，地线环路面积尽量小。地线阻抗要尽量小的目的是，保证作为参考电位的地线电位尽量符合电位一致的假设。地线环路面积尽量小的目的是，为信号电流提供一条低阻抗的路径，使信号电流的回流处于受控状态，控制信号电流的回路面积减小天线效应。

二、接地方式

要想避免地线产生的干扰，必须在系统或电路的方案设计初期就进行地线设计。根据以上对地线的本质和地线导致干扰问题机理的分析，可以总结出一些地线设计原则。其中，接地方式可以分为单点接地、多点接地和混合接地等。

1. 单点接地

单点接地是一种最简单的接地方式，所有电路的地线接到公共地线的同一点。单点接地的最大好处是避免了地线环路，没有地线环路干扰的问题。只要将一个设备的地线断开，用一根导线连接到另一个设备的机壳上，再通过另一个设备的地线接地，就消除了地线环路问题。这里的连线既可以采用屏蔽电缆的屏蔽层，也可以通过专门加接一根导线的方法来实现，如图 5-16 所示。

如果将单点接地结构进一步细化，可分为串联单点接地和并联单点接地，如图 5-17 所示。

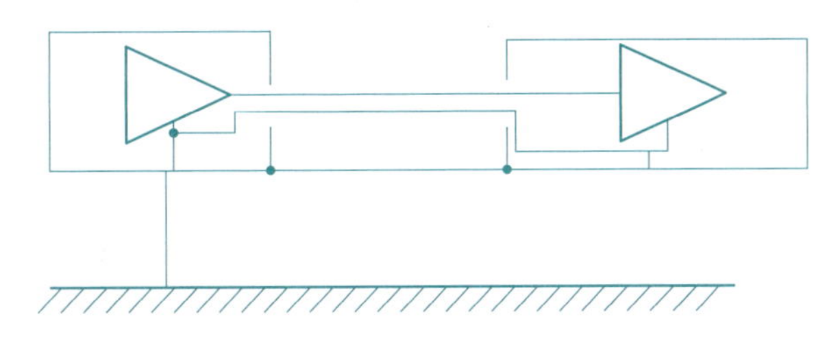

图 5-16　单点接地消除了地线环路

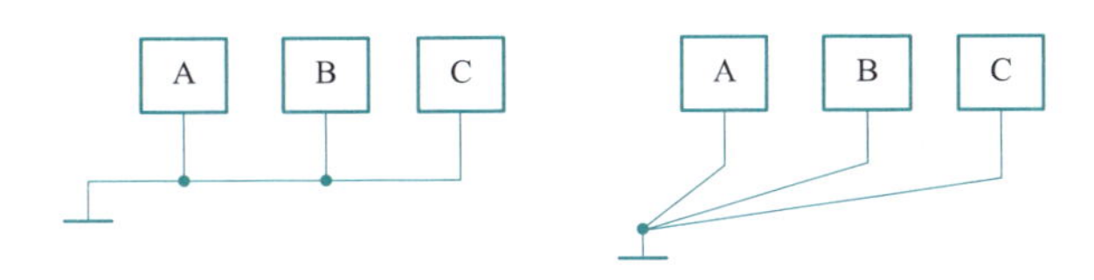

图 5-17　串/并联单点接地

串联单点接地是传统上人们所习惯的接地方式，这种接地方式就是在电路原理图上将所有的接地点都用同一种标记表示，实现起来也十分简单，将所有地线标志连在一起即可。它的最大问题是存在很多潜在的公共阻抗耦合因素，尤其是当功率相差很大的电路采用这种接地方式时，会导致很严重的相互干扰。

并联单点接地方式可以避免串联单点接地造成的问题。由于需要太多的接地线，所以这种接地方式在实际工程中很少采用。串、并联混合单点接地是一种实用的接地方式。这种接地方式是将电路按照特性分组，相互之间不易发生干扰的电路放在同一组，相互之间容易发生干扰的电路放在不同的组。每个组内采用串联单点接地，获得最简单的地线结构，而不同组的接地采用并联单点接地，以避免相互之间的干扰。单点接地的设计流程是：在开始电路板的布线或机箱、机柜内的布线之前，应该首先对电路和地线进行分类。先画一张接地图，将能串联起来接地的地线采用同一种符号，再对只能并联接地的地线采用不同的接地符号加以区别。

单点接地有一个问题，那就是接地线往往较长。这样，当频率较高时，地线的阻抗很大，甚至产生谐振，造成地线阻抗不稳定。对于频率较高的信号，地线尽管较短，它们的电阻和电感也是不能忽略的。实际上,当电路的工作频率较高时,各种分布参数已经起着很重要的作用,即使形式上采用单点接地结构,实际上也不能起到单点接地的作用。因此,单点接地不适合频率较高的场合。频率较高时,要采用电路就近接地的方式,缩短地线,也就是多点接地。

2. 多点接地

当电路的工作频率较高时,为了使地线最短,所有电路都要就近连接到公共地线上。由于它们的接地点不同,因此称为多点接地,如图 5-18 所示。图中画出了地线的等效电阻和电感。

显然,多点接地的结构形成了许多地线环路。因此空间的电磁场、地线上的电位差等会对电路形成干扰。为了减小地线环路的影响,要尽量减小地线阻抗。减小地线的阻抗可从两个方面考虑:一方面是减小导体的电阻;另一方面是减小导体的电感。由于高频电流的趋肤效应,增加导体的截面积并不能减小导体的电阻,正确的方法是在导体表面镀锡甚至镀银。用宽金属板可以减小导体的电感。如果地线是由不同部分金属搭接构成的,还要考虑搭接阻抗。

另外,要将电路之间的连线尽量靠近地线,以减小地线环路的面积,这样做的目的是减小空间电磁场在地线环路中形成的干扰。实践经验证明,通常单点接地可以应用在电路工作频率不大于 1 MHz 的场合;而频率在 10 MHz 以上时,应采用多点接地;而对于工作频率在 1 ~ 10 MHz 之间的电路,如果最长的接地线不超出波长的 1/20,可以采用单点接地,否则应采用多点接地。

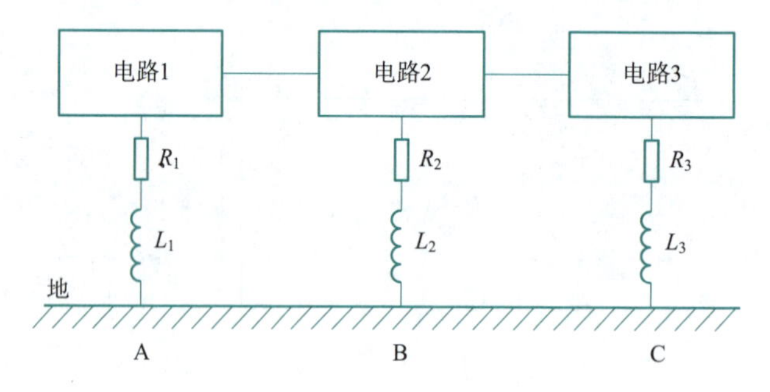

图 5-18　多点接地方式

3. 混合接地

有时,利用电容、电感等器件在不同频率下具有不同阻抗的特性,可构成混合接地系统。这样,可以使系统对于不同频率的信号具有不同的接地结构。当采用电感接地时,由于电感低频时的阻抗很小,高频时阻抗很大,因此这种地线在低频时相当于是连通的,而高频时是断开的。当采用电容接地时,由于电容低频时的阻抗很大,高频时的阻抗很小,因此这种地线在低频时相当于是断开的,而高频时是连通的。

例如,一个系统在受到地环路电流的干扰时,将设备的安全地断开,切断了地线环路,可以解决地线环路电流干扰,但是为了防止金属机箱带电,机箱必须接到安全地上。对于频率较高的地环路电流,由于感抗很大,地线相当于是断开的;而对于 50 Hz 的交流电,电感的感抗很小,机箱都是可靠接地的。采用这种方式时,要注意接地电感的电流容量要大于熔断器或漏电保护器的动作电流,以防止电流过大烧毁地线电感。再如,当一个系统工作在低频状态时,为了避免地线环路干扰问题,需要系统串联单点接地。为了避免系统暴露在高频强电场中,电缆受到电场的干扰,可以使用屏蔽电缆,并将屏蔽电缆多点接地(屏蔽电场的屏蔽电缆必须将屏蔽层接地,并且当电场频率较高时,需要多点接地)。

这个接地结构，对于电缆中传输的低频信号，系统是单点接地的；而对于电缆屏蔽层中感应的高频信号，系统是多点接地的。干扰信号的频率决定了接地电容的大小，根据实践经验，容量一般在10 nF以下。在使用电容时应注意电容的谐振问题。

在实际工程中，利用电感和电容在不同频率下阻抗不同的特点，实现不同接地结构的例子很多。例如，将电路板的信号地与机箱用小电容连接起来，则线路板与机箱之间对于直流是断开的，而对于高频干扰电流相当于是连通的。

三、测试方法及设备

1. 接地电阻测试仪

ZC-8型接地电阻测试仪适用于测量各种电力系统、电气设备、避雷针等接地装置的电阻值。亦可测量低电阻导体的电阻值和土壤电阻率。

该测试仪由手摇发电机、电流互感器、滑线电阻器及检流计等组成，全部机构装在塑料壳内，外有皮壳便于携带。附件有辅助探棒导线等，装于附件袋内。其工作原理采用基准电压比较式。

使用前检查测试仪是否完整，测试仪包括如下器件：

（1）ZC-8型接地电阻测试仪一台。

（2）辅助接地棒两根。

（3）导线5 m、20 m、40 m各一根。

2. 测试方法

（1）测量接地电阻值时接线方式的规定：仪表上的E端钮接5 m导线，P端钮接20 m线，C端钮接40 m线，导线的另一端分别接被测物接地极E、电位探棒P和电流探棒C，且E、P、C应保持直线，其间距为20 m。

（2）仪表端所有接线应正确无误。

（3）仪表连线与接地极E′、电位探棒P′和电流探棒C′应牢固接触。

（4）仪表放置水平后，调整检流计的机械零位，归零。

（5）将“倍率开关”置于最大倍率，逐渐加快摇柄转速，使其达到150 r/min。当检流计指针向某一方向偏转时，旋动刻度盘，使检流计指针恢复到“0”点。此时刻度盘上读数乘上倍率挡即为被测电阻值。

（6）如果刻度盘读数小于1时，检流计指针仍未取得平衡，可将倍率开关置于小一挡的倍率，直至调节到完全平衡为止。

（7）如果发现仪表检流计指针有抖动现象，可变化摇柄转速，以消除抖动现象。

3. 接地电阻测试要求

（1）交流工作接地，接地电阻不应大于4 Ω；

（2）安全工作接地，接地电阻不应大于4 Ω；

（3）直流工作接地，接地电阻应按计算机系统具体要求确定；

（4）防雷保护地，接地电阻不应大于10 Ω；

（5）对于屏蔽系统，如果采用联合接地时，接地电阻不应大于1 Ω。

4. 注意事项

（1）禁止在有雷电或被测物带电时进行测量。

(2)仪表携带、使用时须小心轻放,避免剧烈震动。

四、大楼接地方式及要求

大楼中弱电系统众多,还有交流和直流电源系统,各个系统都有独自的接地要求,按功能分为防雷地、工作交流地、静电地、屏蔽地、直流地、绝缘地、安全保护地等,为了各接地装置之间不能经土壤击穿和避免相互干扰,防雷接地与其他接地装置在土壤中需隔开较大的距离。由于城市中大楼的接地装置受到场地的限制,无法实现上述距离间隔,因此按照现行的国家相关防雷标准,应将上述接地实现共用接地系统。在电子设备有特殊要求时,应采用瞬态接地技术。明确地讲,所说的共用接地系统是将防雷地、工作交流地、静电地、屏蔽地、直流地、绝缘地、安全保护地等做在一个接地装置上(通常是大楼基础地),接地电阻值取其中的最低值。完全的共地系统不仅采用公共的接地装置,而且采用公共的接地系统,共地使电子设备无法受到地电位反击。

智能建筑必须有良好的接地装置以及良好的接地系统。智能建筑的共用接地系统是以大楼基础接地为接地装置,以暗装的法拉第笼中的钢筋笼栅为接地系统的骨架,并将各种已与此笼栅做了等电位连接的设备金属外壳、金属管道、电气和信号线路的金属护套、桥架等连接到一起,构成了多种大小不同的金属接地网络。在垂直方向上,最下层为大楼基础地,向上是各个楼层的楼层地,在楼层内设有机房接地母排,信息系统首先接到机房接地母排上,然后由此引向楼层地,再经大楼接地骨架接到最底层的接地装置上。大楼内的接地方式按下述进行:

1. 机房接地

计算机网络机房、卫星和有线电视系统和监控系统等机房联合接地,电阻应≤1 Ω。机房静电地板下应加做均压环,以起到等电位连接作用,并将均压环至少两处连接到机房所在楼层的弱电管道井内的共用接地排上;机房内的工作交流地、静电地、屏蔽地、直流地、绝缘地、安全保护地等直接连接到均压环上;在土建施工过程中最好将穿线缆的管从弱电间直埋到各个弱电机房,每个机房两根。

2. 设备间接地

各设备间接地的方法同机房接地。

3. 共用接地体

大楼存在着强电接地和弱电接地,采用共用接地体,因接地线的不对称、共用接地体上的引出点不同、大楼接雷电时,引下线的不对称等,造成了同一机房内的强电接地和弱电接地不可能存在等电位,有可能存在相对电位,这将可能使弱电设备内部强电接地点与弱电接地点之间造成闪络现象,从而损坏设备。将强电引到机房配电箱后,从强电井内引出的PE线不再在机房内使用,机房内的单相三线制中的PE线采用在机房配电箱内连线到机房环行接地母排,所以在强电地与弱电地之间加装等电位连接器,一旦出现不对称现象可起到等电位连接的保护作用。

4. 电位汇流排

如果机房面积较大,在均压环较远处设备放置比较集中,应在该处设置机房设备等电位汇流排,在均压环与汇流排之间采用线缆连接,设备接地以最近的距离连接到该等电位汇流排上,因机房面积较大,故考虑设置两块。

5. 机房均压环

在有弱电机房的楼层弱电井内设置楼层弱电等电位汇集点,水平与楼层各个机房均压环连接,垂直采用线缆与下层弱电等电位汇集点连接，层层连接下传到大楼共用接地体。沿机房墙体四周分别安装环形均压环，并采用将均压环至少两处连接到机房所在楼层的弱电管道井内的共用接地排（楼层弱电等电位汇集点）上；机房内的静电地、屏蔽地、直流地、绝缘地、安全保护等接地直接连接到均压环上。

6. 线路的屏蔽

感应雷击很多是由于传输线路在磁场中切割磁感线产生感应高压，使计算机系统遭到破坏。对传输线路采取屏蔽措施，是降低感应雷击破坏的有效方法。目前机房内的大部分线路采用穿管布线（金属软管或硬管），但从实际情况看，综合布线的金属护管的屏蔽接地需改进，使每根护管两端有效接地，并与均压等电位带连接，最大限度减少感应雷击侵入的渠道。

当机房的均压等电位带与大楼的钢筋网相连时，形成一个法拉第笼；或者做防静电处理，墙壁采用防静电铝塑板，并与机房共地系统相连，使机房形成一个法拉第笼。注意：

（1）接地引下线的连接必须在防雷配电柜前进行；

（2）UPS电源插座必须就近与均压等电位带相连接。

综上所述，根据所保护对象的不同，考虑了智能大楼各系统的电源、信号及接地的防雷击过电压，提出了完善的防雷解决方案。随着智能建筑物管理系统的出现、应用推广和发展以及综合业务数据网（ISDN）、双绞线分布数据接口（TPDDI）、光纤分布数据接口（FDDI）等技术的发展，使智能建筑内、外各种信息，数据图像的高速传输和大容量传输成为可能。信息已是智能建筑非常关键和重要的资源，对信息资源的保护是必不可少的。

7. 机房接地工程

机房应安装一个良好的接地系统，使电源中有一个稳定的零电位，作为供电系统电压的参考电压；有一个良好接地线，计算机传输中的电源电压及信号遇到或产生各种干扰时，就可以通过高、低频滤波电容将其滤掉。此外，当遇到雷电、机柜附近的强功率源以及电火花干扰时，良好的机房接地系统应可以起到保护计算机的作用。

因此，设计一个良好的机房接地系统是相当重要的。机房接地系统一般分为下述四种：

（1）直流地：这种接地系统是将电源输出端和地网连接在一起，使其成为稳定的零电位，这个电源地线与大地直接连通，并有很小的接地电阻。

（2）交流电：这种接地系统把交流电源的地线与电动机、发电机等交流电动设备的接地点连接在一起，之后再与大地连接。

（3）安全地：为了屏蔽外界干扰、漏电及电火花，所有计算机的机柜、机箱、机壳、面板及电动机外壳都需要接地屏蔽，该系统即为安全地。

（4）防雷接地：应按现行国家标准GB 50057《建筑物防雷设计规范》执行。

一般要求：直流地接地电阻小于1 Ω，交流地接地电阻小于4 Ω，安全地接地电阻小于4 Ω。交流工作接地、安全保护接地、直流工作接地、防雷接地等四种接地宜共用一组接地装置，其接地电阻按其中最小值确定；若防雷接地单独设置接地装置时，其余三种接地宜共用一组接地装置，其接地电阻不应大于其中最小值，并应按《建筑防雷设计规范》要求采取防止反击措施。

交流工作接地、安全保护接地、直流工作接地、防雷接地等四种接地宜共用一组接地装置，其接地电阻小于1 Ω。

对直流工作接地有特殊要求需单独设置接地装置的计算机系统，其接地电阻值及与其他接地装置的接地体之间的距离，应按计算机系统及有关规定的要求确定。

计算机系统的接地应采取单点接地并宜采取等电位措施。当多个计算机系统共用一组接地装置时，宜将各计算机系统分别采用接地线与接地体连接。接地方法如下：

1. 直流接地

直流接地是计算机系统中数字逻辑电路的公共参考零电位，即逻辑地。逻辑电路一般工作电平低，信号幅度小，容易受到地电位差和外界磁场的干扰，因此需要一个良好的直流工作接地，以消除地电位差和磁场的影响。机房直流工作接地线的接法通常有三种：串联法、汇集法、网格法。

（1）串联法。在地板下敷设一条截面积为（0.4 ~ 1.5 mm）×（5 ~ 10 mm）的青铜带。各设备把各自的直流地就近接在地板下的这条铜带上。这种接法的优点是简单易行，缺点是铜带上的电流流向单一，阻抗不小，致使铜带上各点电位有些差异。这种接法一般用于较小的系统中。

（2）汇集法。在地板下设置一块 5 ~ 20 mm 厚、500 mm × 500 mm 大小的铜板，各设备用多股屏蔽软线把各自的直流地都接在这块铜板上。这种接法称为并联法，其优点是各设备的直流地无电位差，缺点是布线混乱。

（3）网格法。用截面积为 2.5 mm × 50 mm 左右的铜带，整个机房敷设网格地线（等电位接地母排），网格网眼尺寸与防静电地板尺寸一致，交叉点焊接在一起。各设备把自己的直流地就近连接在网格地线上。

这种方法的优点在于既有汇集法的逻辑电位参考点一致的优点，又有串联法连接简单的优点，而且还大大降低了计算机系统的内部噪声和外部干扰；缺点是造价昂贵，施工复杂。这种方法适用于计算机系统较大、网络设备较多的大中型计算机机房。

2. 交流接地

计算机、网络设备是使用交流电的电气设备，这些设备按规定在工作时要进行工作接地，即交流电三相四线制中的中性线直接接入大地，这就是交流工作接地。中性点接地后，当交流电某一相线碰地时，由于此时中性点接地电阻只有几欧，故接地电流就成为数值很大的单相短路电流。此时，相应的保护设备能迅速切断电源，从而保护人身和设备的安全。计算机系统交流工作地的实施，可按计算机系统和机房配套设施两种情况来考虑。如打印机、扫描仪、磁带机等，其中性点用绝缘导线串联起来，接到配电柜的中性线上，然后通过接地母线将其接地；机房配套设施，如空调中的压缩机、新风机组、稳压器、UPS 等设备的中性点应各自独立按电气规范的规定接地。

任务决策

任务二　课前任务决策单

一、学习指南

1. 任务名称

熟悉 EMC 接地技术

2. 达成目标

3. 学习方法建议

4. 课前预习心得

二、学习任务

学习任务	学习过程	学习建议
子任务 1：明确任务	明确学习任务，查找资料，填写课前任务决策单	阅读相关知识，查看资料，独立思考。初步感知，为下一步的学习和思考奠定基础
子任务 2：课前预习	课前预习疑问： (1)＿＿＿＿＿＿ (2)＿＿＿＿＿＿ (3)＿＿＿＿＿＿	可以围绕以上问题展开研究，也可以自主确立想研究的问题

任务实施

任务二　课中任务实施单

一、学习指南

1. 任务名称
熟悉 EMC 接地技术

2. 达成目标

3. 学习方法建议

4. 熟悉测试仪器设备

二、任务实施

任务实施	实施过程	学习建议
子任务 3： 分组讨论 分工合作	(1)接地测试仪器的架设。 (2)接地布线操作。 (3)接地电路的分析以及接地故障解决	(1)就你最感兴趣的问题，寻找同伴形成小组进行研究，可单人研究一个主题。 (2)关于小组合作，提出几点建议： ①合理分工，发挥长处。 ②互帮互助，团结协作。 ③虚心学习，取长补短。 (3)登录超星平台搜索“电磁兼容检测技术与应用”课程。 提醒：信息庞杂一定要注意筛选与整理
子任务 4： 数据判定 成果展示	(1)接地测试数据记录及结果判定。 (2)接地设备图片展示。 (3)接地测试内容展示	登录学习通课程网站，完成拓展任务：对实验室进行接地技术分析

任务二　课后评价总结单

一、评价

1. 学习成果

2. 自主评价

3. 学后反思

二、总结

项　目	学习过程	学习建议
展示交流 研究成果	(1)仪器设备展示的方式：________ (2)接地测试内容展示的方式：________	作品呈现方式建议： PPT、视频、图片、照片、文稿、手抄报、角色表演的录像等。 学习成果的分享方式： (1)将学习成果上传超星平台； (2)手机、电话、微信等交流
多方对话 自主评价	(见下表)	(1)评价自我学习成果，评价其他小组的学习成果； (2)评价方式： 优：四颗星； 良：三颗星； 中：两颗星； 及格：一颗星
学后反思 拓展思考	总结学习成果： (1)我收获的知识：________ (2)我提升的能力：________ (3)我需要努力的方面：________	总结过后，可以登录超星平台，挑战一下“拓展思考”，在讨论区发表自己的看法

项　目	优	良	中	及格	不及格
按时完成任务					
搜索整理信息能力					
小组协作意识					
汇报展示能力					
创新能力					

巩固与提高

一、填空题

1. 电磁屏蔽的材料特性主要由它的________和________所决定。

2. 滤波器按工作原理分为________和________，其中一种是由有耗元件，如________材料所组成的。

3. 设 U_1 和 U_2 分别是接入滤波器前后，信号源在同一负载阻抗上建立的电压，则插入损耗可定义为________ dB。

4. 多级电路的接地点应选择在________电路的输入端。

5. 电子设备的信号接地方式有________、________、________和________。其中，若设备工作频率高于 10 MHz，应采用________方式。

二、简答题

1. 浪涌抗扰度试验依据的标准有哪些？

2. 浪涌抗扰度试验的目的是什么？

3. 雷击产生干扰有哪些途径？

4. 浪涌冲击有什么特点？

5. 什么是接地？接地分哪几种？

6. 安全接地的原理是什么？

7. 人体电阻、安全电流、安全电压分别为多少？

8. 接地体平面地线的电位为什么会不一致？

项目六 电磁兼容标准及应用认知

知识目标

1. 熟悉 EMC 标准体系；
2. 熟悉 EMC 标准的内容；
3. 熟悉 EMC 中国标准组织和欧美标准组织；
4. 熟悉基础标准、通用标准和产品类标准；
5. 熟悉各国电磁兼容标准及应用。

技能目标

1. 会 EMC 标准体系的应用；
2. 能区分中国标准体系和欧美标准体系；
3. 能区分基础标准、通用标准和产品类标准；
4. 会各国电磁兼容标准及其应用。

素质目标

1. 培养爱岗敬业、团队协作的精神；
2. 培养安全意识、操作规范；
3. 增强创新创意、职业素养；
4. 引导学生成长为心系社会并有时代担当的技术型人才。

任务一 熟悉电磁兼容标准体系

相关知识

一、EMC 国际标准体系

电磁兼容性是指电子设备在电磁环境中能够正常工作，同时不对周围环境和其他设备产生无法接受的干扰的能力。为了确保设备在不同国家和地区的市场上能够相互协调地工作，国际上建立了一套 EMC 国际标准体系。

EMC 国际标准体系由多个国际标准组成,这些标准由国际电工委员会(International Electrotechnical Commission,IEC)和其他国际标准化组织制定和管理,如图 6-1 所示。这些标准涵盖了各个方面的电磁兼容性,包括辐射和传导干扰的限制、抗扰度的要求以及测试和评估的方法等。

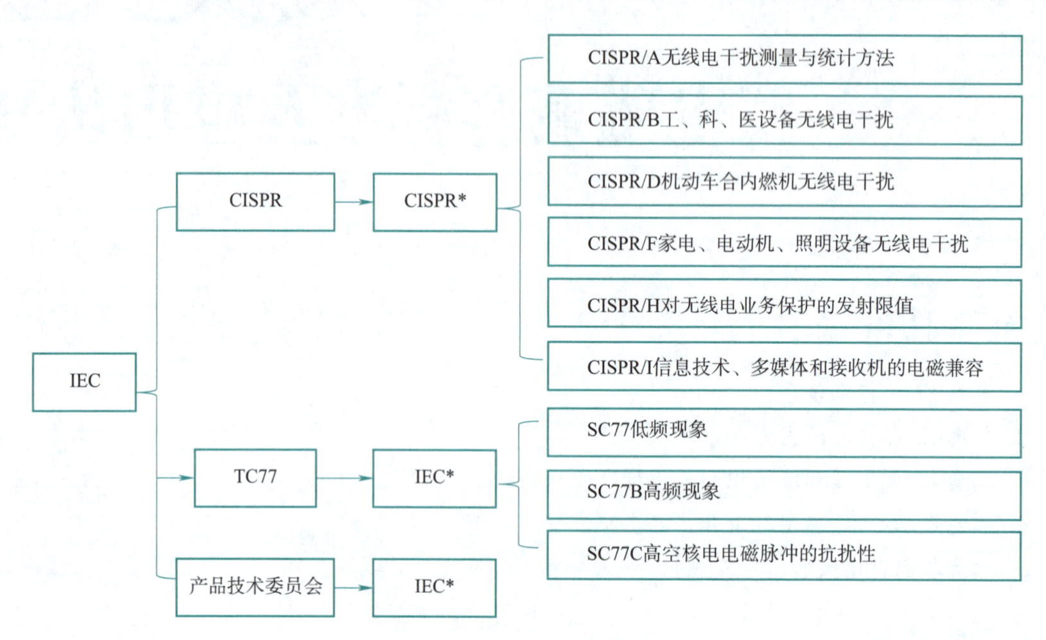

图 6-1　EMC 标准组织结构框图

注:图中 * 表示有分类。

在 EMC 国际标准体系中,最重要的标准之一是 IEC 61000 系列标准。该系列标准包括多个部分,涵盖了 EMC 的各个方面,例如电磁干扰的测量和限值、抗干扰性能的评估、测试方法和试验设备的规范等。IEC 61000 系列标准提供了全面的指导,帮助设备制造商和使用者满足 EMC 的要求。

除了 IEC 61000 系列标准,还有其他一些重要的国际标准在 EMC 领域中发挥着重要作用。例如,CISPR(国际无线电干扰特别委员会)制定的 CISPR 系列标准,主要关注电子设备和系统的辐射和传导干扰的测量和限制。IEC 61326 系列标准则专门针对测量与控制设备的电磁兼容性进行规范。

EMC 国际标准体系的制定和使用对于确保设备在全球范围内的互操作性和互通性非常重要。标准化的测试方法和评估流程使得不同国家和地区的测试结果具有可比性,从而为设备制造商提供了一个统一的标准,使其能够设计和生产符合 EMC 要求的设备。

国际上公认的权威标准化组织有三个,比如 ISO,在日常使用的消费品上都能看到,另外两个标准化组织是 IEC 和 ITU,这三个国际标准化组织各司其职,下面是一个非常简单的介绍:

(1)IEC(国际电工委员会):下设多个技术委员会,其中从事 EMC 的主要为 CISPR(国际无线电干扰特别委员会)、TC77(第 77 技术委员会)以及其他相关的产品技术委员会。

(2)ISO(国际标准化组织):1947 年成立,非政府组织,总部在瑞士日内瓦。汽车电磁兼容标准的主要发布单位。

(3)ITU(国际电信联盟):政府间组织,总部在瑞士日内瓦。联合国的任何一个主权国家都可以成为 ITU 的成员。

对于电磁兼容的要求，在 IEC 标准中已经形成了专门的体系，而且该体系已经广为欧洲、美国、日本、中国等国家和地区采用，相关体系如图 6-2 所示。

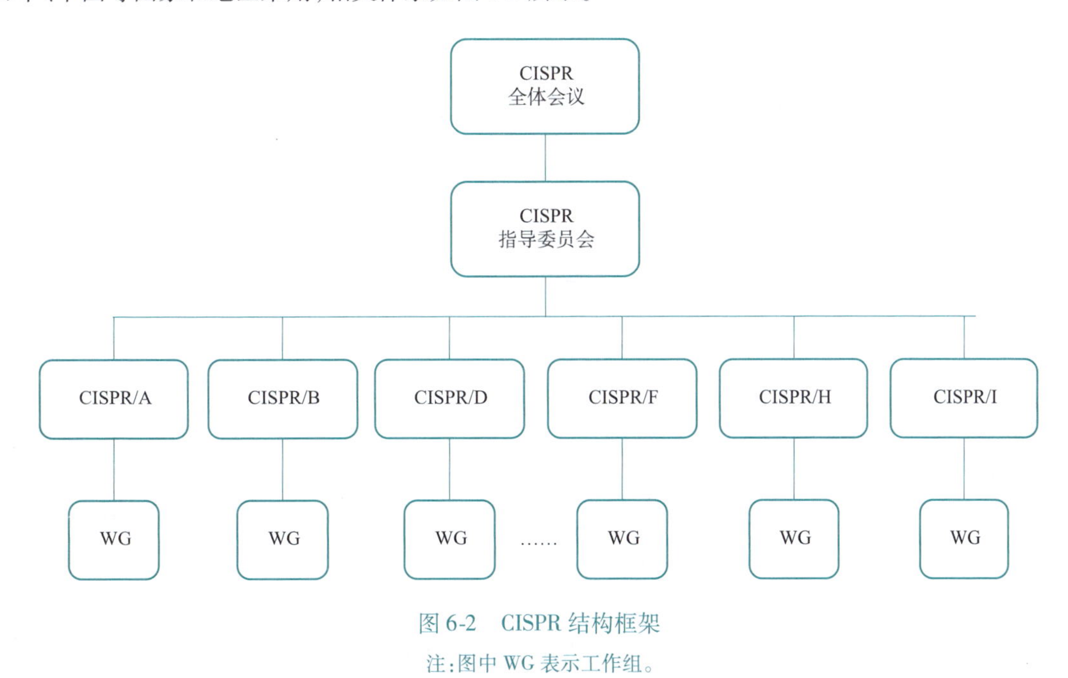

图 6-2　CISPR 结构框架

注：图中 WG 表示工作组。

此外，EMC 国际标准体系的更新和发展是一个不断进行的过程。随着技术的不断进步和新的干扰源的出现，标准也需要进行相应修订和更新。因此，对 EMC 国际标准的了解和应用，对于设备制造商、测试实验室以及 EMC 工程师来说都是至关重要的。

二、EMC 国内标准体系

为了确保国内市场上的设备满足 EMC 要求，国内标准化组织建立了一套 EMC 国内标准体系。

EMC 国内标准体系由多个标准组成，这些标准由国家质量监督检验检疫总局（国家标准化管理委员会）和其他相关标准化组织制定和管理。这些标准主要适用于国内市场，规定了国内设备在电磁兼容性方面的要求和测试方法，其相关组织如下：

（1）SAC/TC79（全国无线电干扰标准化技术委员会）：组织制定、修订和审查国家标准，开展与 IEC/CISPR 相对应的工作，目前下设六个分委员会与 CISPR 的各分会相对应，见表 6-1。

表 6-1　国内标准化组织

委员会	秘书处挂靠单位
全国无线电干扰标准化技术委员会	上海电器科学研究院
A 分会	中国电子技术标准化研究所
B 分会	上海电器科学研究院
D 分会	中国汽车技术研究中心
F 分会	中国电器科学研究院
H 分会	国家无线电监测中心
I 分会	中国电子技术标准化研究所

(2)SAC/TC246(全国电磁兼容标准化技术委员会):主要负责协调 IEC/TC77 的国内归口工作;推进对应 IEC 61000 系列有关 EMC 标准的国家标准制定、修订工作,目前下设三个分委员会与 TC77 的各分会相对应,见表 6-2。

表 6-2　全国电磁兼容标准化技术委员会

委员会	秘书处挂靠单位
全国电磁兼容标准化技术委员会	国网电力科学研究院
A 分会	国网电力科学研究院
B 分会	上海市计量测试技术研究院
C 分会	国网电力科学研究院

在国内 EMC 标准体系中,最重要的标准之一是 GB/T 18268 系列标准,该系列标准规定了电磁兼容性的基本要求,包括电磁辐射的限值、电磁传导干扰的限值以及设备的抗干扰能力要求等。

此外,国内 EMC 标准体系还包括其他一些重要的标准,如 GB/T 17626. 1、GB/T 17626. 2 等。这些标准规定了 EMC 测试的方法、试验设备的规范以及数据分析和评估的要求,为国内市场上的设备提供了测试和评估的指导。

国内 EMC 标准体系的制定和使用对于确保国内市场上的设备符合 EMC 要求非常重要。它提供了明确的测试方法和评估流程,帮助设备制造商和使用者满足国内市场的要求。同时,国内标准体系的实施也有助于提升国内设备的电磁兼容性水平,保证设备在国内市场的互操作性和互通性。

需要注意的是,国内 EMC 标准体系与国际标准体系有所差异。虽然一些国际标准在国内也得到了采纳和应用,但国内标准体系中的标准更加注重国内市场的特殊需求和情况。因此,在进行 EMC 测试和评估时,需要根据国内标准体系中的要求进行操作。

总结起来,国内 EMC 标准体系是为了确保国内市场上的设备符合 EMC 要求而建立的一套标准体系。该体系由多个标准组成,规定了设备在电磁兼容性方面的要求和测试方法。其制定和使用对于国内设备制造商和使用者来说具有重要意义,能够帮助他们满足国内市场的要求,并提升设备的电磁兼容性水平。

任务决策

任务一　课前任务决策单

一、学习指南

1. 任务名称

熟悉电磁兼容标准体系

2. 达成目标

3. 学习方法建议

4. 课前预习心得

二、学习任务

学习任务	学习过程	学习建议
子任务1：明确任务	明确学习任务，查找资料，填写课前任务决策单	阅读相关知识，查看资料，独立思考。初步感知，为下一步的学习和思考奠定基础
子任务2：课前预习	课前预习疑问： (1) ______ (2) ______ (3) ______	可以围绕以上问题展开研究，也可以自主确立想研究的问题

任务实施

任务一　课中任务实施单

一、学习指南

1. 任务名称

熟悉电磁兼容标准体系

2. 达成目标

3. 学习方法建议

4. 熟悉电磁兼容常用标准

二、任务实施

任务实施	实施过程	学习建议
子任务3： 分组讨论 分工合作	(1)熟悉国际电磁兼容标准体系。 (2)熟悉国内电磁兼容标准体系	(1)就你最感兴趣的问题，寻找同伴形成小组进行研究，可单人研究一个主题。 (2)关于小组合作，提出几点建议： ①合理分工，发挥长处。 ②互帮互助，团结协作。 ③虚心学习，取长补短。 (3)登录超星平台搜索“电磁兼容检测技术与应用”课程。 提醒：信息庞杂一定要注意筛选与整理
子任务4： 数据判定 成果展示	(1)国际电磁兼容标准体系展示。包括机构组织、标准分析。 (2)国内电磁兼容标准体系展示。包括机构组织、标准分析	登录学习通课程网站，完成拓展任务：对电磁兼容相关企业标准进行分析

任务一　课后评价总结单

一、评价

1. 学习成果

2. 自主评价

3. 学后反思

二、总结

<table>
<tr><th>项　目</th><th>学习过程</th><th>学习建议</th></tr>
<tr><td>展示交流
研究成果</td><td>(1)国际标准展示的方式:______
(2)国内标准展示的方式:______</td><td>作品呈现方式建议:
PPT、视频、图片、照片、文稿、手抄报、角色表演的录像等。
学习成果的分享方式:
(1)将学习成果上传超星平台;
(2)手机、电话、微信等交流</td></tr>
<tr><td>多方对话
自主评价</td><td><table>
<tr><th>项　目</th><th>优</th><th>良</th><th>中</th><th>及格</th><th>不及格</th></tr>
<tr><td>按时完成任务</td><td></td><td></td><td></td><td></td><td></td></tr>
<tr><td>搜索整理
信息能力</td><td></td><td></td><td></td><td></td><td></td></tr>
<tr><td>小组协作意识</td><td></td><td></td><td></td><td></td><td></td></tr>
<tr><td>汇报展示能力</td><td></td><td></td><td></td><td></td><td></td></tr>
<tr><td>创新能力</td><td></td><td></td><td></td><td></td><td></td></tr>
</table></td><td>(1)评价自我学习成果,评价其他小组的学习成果;
(2)评价方式:
优:四颗星;
良:三颗星;
中:两颗星;
及格:一颗星</td></tr>
<tr><td>学后反思
拓展思考</td><td>总结学习成果:
(1)我收获的知识:______
(2)我提升的能力:______
(3)我需要努力的方面:______</td><td>总结过后,可以登录超星平台,挑战一下“拓展思考”,在讨论区发表自己的看法</td></tr>
</table>

任务二 掌握电磁兼容标准分类

相关知识

当产品进入市场时，只有遵守有关的 EMC 标准，才能具备足够的竞争力，被外界接受，我国电磁兼容标准与国际上类似，可分为三大类，如图 6-3 所示。

（1）基础标准：描述了 EMC 现象，规定了 EMC 测试方法、设备，定义了等级和性能判据。基础标准不涉及具体产品。

（2）通用标准：按照设备使用环境划分的，当产品没有特定的产品类标准可以遵循时，使用通用标准来进行 EMC 测试。

（3）产品类标准：针对某种产品系列的 EMC 测试标准。往往引用基础标准，但对于产品的特殊性会提出更详细的规定。

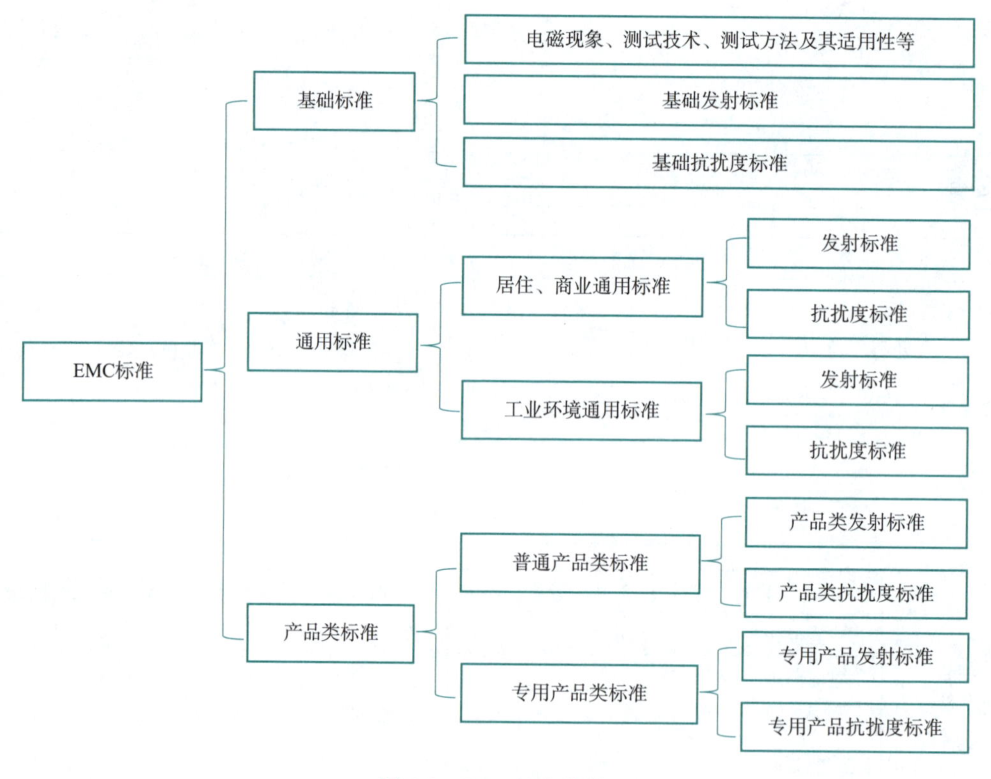

图 6-3 EMC 标准分类

一、基础标准

属于基础标准的有电磁兼容名词术语、电磁环境、电磁兼容测量设备规范和测量方法等。这类标准的特点是不给出指令性限值，也不给出产品性能的直接判据，但它是编制其他各类标准的基础。如 GB/T 4365《电工术语 电磁兼容》、GB/T 6113 系列标准、GB/T 17626 系列标准等。

二、通用标准

通用标准是对给定环境中所有产品给出一系列最低的电磁兼容性能要求。通用标准中的各项试验方法可以在相应的基础标准中找到,通用标准可以成为编制产品类标准和专用产品标准的导则。通用标准对那些暂时还没有相应标准的产品有极好的参考价值,可用作进行电磁兼容摸底试验。通用标准讲述住宅、商业、轻工业环境等不同环境,考虑到电磁兼容有电磁骚扰发射和抗扰度两个不同方面,因此通过不同组合,通用标准实际上有四个分标准。我国的电磁兼容通用标准选自 IEC 61000-6 系列标准,对应的通用国家标准的系列号为 GB/T 17799。

电磁兼容的通用标准,由于它是对给定环境中的所有产品给出一系列最低的电磁兼容性能要求,所以无论是对普通产品类标准的编制,还是专用产品类标准的编制都有极好的参考价值,即使是对目前暂时无电磁兼容标准的产品,作为产品性能的摸底照样有其参考价值。因此通用标准中提到的试验内容,大体上也是各种电子产品应当考虑的试验内容(只不过在考虑产品的特殊性之后,可能会增减个别试验项目或提高试验要求)。由于设备有自身工作时的电磁发射和抗扰度两方面的要求,通用标准也同样有这两方面的要求,其中,设备的电磁骚扰发射通用标准见表 6-3,设备的抗扰度通用标准见表 6-4。

表 6-3　设备的电磁骚扰发射通用标准

环境	序号	端口名称	频率范围	限　　值	相应的基础标准
住宅、商业和轻工业环境下的设备电磁骚扰发射限值	1.1	机壳	30～230 MHz 230～1 000 MHz	在 10 m 处 30 dBμV/m 准峰值 在 10 m 处 37 dBμV/m 准峰值	CISPR 22 B 级
	1.2	交流电源线	0～2 kHz	考虑中	IEC 61000-3-2 IEC 61000-3-3
			0.15～0.5 MHz 限值随频率对数线性降低	66～56 dBμV 准峰值 56～46 dBμV 平均值	CISPR 22 B 级
			0.5～5 MHz	56 dBμV 准峰值 46 dBμV 平均值	
			5～30 MHz	60 dBμV 准峰值 50 dBμV 平均值	
			0.15～30 MHz		CISPR 14
	1.3	信号、控制直流输入、直流电源输出等	0.15～0.5 MHz 限值随频率对数线性降低	40～30 dBμA 准峰值 41～20 dBμA 平均值	CISPR 22
			0.5～30 MHz	30 dBμA 准峰值 20 dBμA 平均值	
工业环境下的设备电磁骚扰发射限值	2.1	机壳	30～230 MHz	在 30 m 处 30 dBμV/m 准峰值	CISPR 11
			230～1 000 MHz	在 30 m 处 30 dBμV/m 准峰值	
	2.2	交流电源线	0.15～0.5 MHz	79 dBμV 准峰值 66 dBμV 平均值	CISPR 11
			0.5～5 MHz	73 dBμV 准峰值 60 dBμV 平均值	

续表

环境	序号	端口名称	频率范围	限　　值	相应的基础标准
工业环境下的设备电磁骚扰发射限值	2.2	交流电源线	5~30 MHz	73 dBμV 准峰值 60 dBμV 平均值	CISPR 11
	2.3	交流电源线输入端	0~2 kHz	考虑中	IEC 61000-3-2 IEC 61000-3-3
	2.4	信号、控制直流电源输入、直流电源输出、交流电源输出等	0.15~0.5 MHz	涉及在改版中的基础标准	待定
			0.5~30 MHz	涉及在改版中的基础标准	

表 6-4　设备的抗扰度通用标准

试验部位	序号	试验项目	试验要求		相应的基础标准
			IEC 61000-6-1 :1997	EN 50082-2 :1995	
设备外壳端口	1.1	工频磁场	50/60 Hz 3A/m(均方根值)	50 Hz 3A/m(均方根值)	IEC 61000-4-8
	1.2	辐射电磁场(调频)	80~1 000 MHz; 3 V/m(未调制时的均方根值); 80% (1 kHz 调幅)	80~1 000 MHz; 10 V/m(未调制时的均方根值); 80% (1 kHz 调幅)	IEC 61000-4-3
	1.3	辐射电磁场(键控)	(900±5) MHz; 3 V/m(未调制时的均方根值); 50% (占空比); 200 Hz(重复频率)	(900 ± 5)MHz; 10 V/m(未调制时的均方根值); 50% (占空比); 200 Hz(重复频率)	IEC 61000-4-9
	1.4	静电放电	±4 kV(充电电压,接触放电); ±8 kV(充电电压,空气放电)	±4 kV(充电电压,接触放电); ± 8 kV(充电电压,空气放电)	IEC 61000-4-2
信号线和控制线端口	2.1	射频传导(共模调幅)	0.15/80 MHz; 3 V(未调制时的均方根值); 80% (1 kHz 调幅); 150 Ω(源阻抗)	0.15/80 MHz; 10 V(未调制时的均方根值); 80% (1 kHz 调幅); 150 Ω(源阻抗)	IEC 61000-4-6
	2.2	电快速瞬变脉冲群	±0.5 kV(充电电压); 5/50 ns(前沿/半峰); 5 kHz(重复频率)	± 1 kV(充电电压); 5/50 ns(前沿/半峰); 5 kHz(重复频率)	IEC 61000-4-4
	2.3	工频共模	50~60 Hz	推荐在今后使用,但数据可能有适当修改 50 Hz; 10 V(均方根值,电动势)	IEC TC77 委员会在考虑中
直流输入和输出电源线端口	3.1	射频传导(共模调幅)	0.15/80 MHz; 3 V(未调制时的均方根值); 80% (1 kHz 调幅); 150 Ω(源阻抗)	0.15/80 MHz; 10 V(未调制时的均方根值); 80% (1 kHz 调幅); 150 Ω(源阻抗)	IEC 61000-4-6
	3.2	浪涌 线-地 线-线	1.2/50(8/20) μs(前沿/半峰); ±0.5 kV(充电电压); ±0.5 kV(充电电压)	推荐在今后使用,但数据可能有适当修改; 1.2/50(8/20) μs(前沿/半峰); ±0.5 kV(充电电压); ±0.5 kV(充电电压)	IEC 61000-4-5
	3.3	电快速瞬变脉冲群	±0.5 kV(充电电压); 5/50 ns(前沿/半峰); 5 kHz(重复频率)	±2 kV(脉冲峰值); 5/50 ns(前沿/半峰); 5 kHz(重复频率)	IEC 61000-4-4

续表

试验部位	序号	试验项目	试验要求		相应的基础标准
			IEC 61000-6-1:1997	EN 50082-2:1995	
直流输入和输出电源线端口	3.4	电压跌落	100% 降低 50 ms; 60% 降低 100 ms	推荐在今后使用,但数据可能有适当修改; 100% 降低 50 ms; 60% 降低 100 ms	IEC 61000-4-11
	3.5	电压波动	U 标称 +20%; U 标称 -20%	推荐在今后使用,但数据可能有适当修改, U 标称 +20%; U 标称 -20%	IEC TC77 委员会在考虑中
交流输入和输出电源线端口	4.1	射频传导 (共模调幅)	0.15/80 MHz; 3 V(未调制时的均方根值); 80% (1 kHz 调幅); 150 Ω(源阻抗)	0.15/80 MHz; 10 V(未调制时的均方根值); 80% (1 kHz 调幅); 150 Ω(源阻抗)	IEC 61000-4-6
	4.2	电压跌落	30% 降低 0.5 周波	推荐在今后使用,但数据可能有适当修改; 30% 降低 0.5 周波	IEC 61000-4-11
			60% 降低 0.5 周波	60% 降低 0.5 周波	
	4.3	电压中断	>95% 降低 250 周波	推荐在今后使用,但数据可能有适当修改; > 95% 降低 250 周波	IEC 61000-4-11
	4.4	浪涌 线-地 线-线	1.2/50(8/20)μs(前沿/半峰); ±2 kV(充电电压); ± 1 kV(充电电压)	推荐在今后使用,但数据可能有适当修改; 1.2/50(8/20)μs(前沿/半峰); 4 kV; 4 kV	IEC 61000-4-5
	4.5	电快速瞬变脉冲群	±1 kV(充电电压); 5/50 ns(前沿/半峰); 5 kHz(重复频率)	±2 kV(脉冲峰值); 5/50 ns(前沿/半峰); 5 kHz(重复频率)	IEC 61000-4-4
	4.6	电压波动	U 标称 +10%; U 标称 - 10%	推荐在今后使用,但数据可能有适当修改 U 标称 +10%; U 标称 -10%	IEC TC77 委员会在考虑中
	4.7	低频谐波	0.2 kHz;	推荐在今后使用,但数据可能有适当修改 0.2 kHz;	IEC TC77 委员会在考虑中
接地线端口	5.1	射频传导 (共模调幅)	0.15/80 MHz 3 V(未调制时的均方根值) 80% (1 kHz 调幅) 150 Ω(源阻抗)	0.15/80 MHz; 10 V(未调制时的均方根值); 80% (1 kHz 调幅); 150 Ω(源阻抗)	IEC 61000-4-6
	5.2	电快速瞬变脉冲群	5 kHz(重复频率)	± 0.5 kV(充电电压); 5/50 ns(前沿/半峰); 5 kHz(重复频率)	IEC 61000-4-4
过程测量和控制线及长距离总线和控制端	6.1	射频传导 (共模调幅)	0.15 ~ 80 MHz	0.15/80 MHz; 10 V(未调制时的均方根值); 80% (1 kHz 调幅); 150 Ω(源阻抗)	IEC 61000-4-6

续表

试验部位	序号	试验项目	试验要求		相应的基础标准
			IEC 61000-6-1 :1997	EN 50082-2 :1995	
过程测量和控制线及长距离总线和控制端	6.2	电快速瞬变脉冲群	5 kHz(重复频率)	±2 kV(脉冲峰值); 5/50 ns(前沿/半峰); 5 kHz(重复频率)	IEC 61000-4-4
	6.3	工频共模	50 Hz	推荐在今后使用,但数据可能有适当修改; 50 Hz; 20 V(均方根值,电动势)	IEC TC77 委员会在考虑中
	6.4	浪涌 线-地 线-地	每分钟1次(重复频率)	推荐在今后使用,但数据可能有适当修改; 1.2/50(8/20)μs(前沿/半峰); 2 kV; 1 kV	IEC 61000-4-11

三、产品类标准

产品类标准针对特定的产品类别,规定它们的电磁兼容性能要求及详细测量方法。产品类标准规定的限值应与通用标准相一致,但不同的产品类产品有它的特殊性,必要时可增加试验项目和提高试验限值。产品类标准是电磁兼容标准中所占份额最多的标准。

四、专用产品类标准

专用产品类标准通常不单独形成电磁兼容标准,而以专门条款包含在产品通用技术条件中。专用产品标准的电磁兼容要求与产品类标准相一致(在考虑到产品的特殊性后,对其电磁兼容性要求也可作某些更改),但产品标准对电磁兼容的要求更加明确,还要增加产品性能和价格的判据。专用产品类标准通常不给出具体的试验方法,而给出相应的基础标准号,以备查考,见表6-5。

表6-5　国家标准编号

序号	国家标准编号	标准名称	所对应国际标准号
1	GB 4824—2019	工业、科学和医疗设备 射频骚扰特性 限值和测量方法	CISPR 11: 2016
2	GB 14023—2022	车辆、船和内燃机 无线电骚扰特性 用于保护车外接收机的限值和测量方法	CISPR 12: 2009
3	GB 4343.1—2018	家用电器、电动工具和类似器具的电磁兼容要求 第1部分:发射	CISPR 14-1:2011
4	GB/T 4343.2—2020	家用电器、电动工具和类似器具的电磁兼容要求 第2部分:抗扰度	CISPR 14-2:2015
5	GB/T 17743—2021	电气照明和类似设备的无线电骚扰特性的限值和测量方法	CISPR 15: 2018
6	GB/T 6113.101—2021	无线电骚扰和抗扰度测量设备和测量方法规范　第1-1部分:无线电骚扰和抗扰度测量设备　测量设备	CISPR 16-1-1:2019
7	GB/T 6113.102—2018	无线电骚扰和抗扰度测量设备和测量方法规范　第1-2部分:无线电骚扰和抗扰度测量设备　传导骚扰测量的耦合装置	CISPR 16-1-2: 2014
8	GB/T 9254.1—2021	信息技术设备、多媒体设备和接收机　电磁兼容　第1部分:发射要求	CISPR 32:2015
9	GB/T 9254.2—2021	信息技术设备、多媒体设备和接收机 电磁兼容 第2部分:抗扰度要求	CISPR 35:2016

任务决策

任务二 课前任务决策单

一、学习指南

1. 任务名称

掌握电磁兼容标准分类

2. 达成目标

3. 学习方法建议

4. 课前预习心得

二、学习任务

学习任务	学习过程	学习建议
子任务1：明确任务	明确学习任务，查找资料，填写课前任务决策单	阅读相关知识，查看资料，独立思考。初步感知，为下一步的学习和思考奠定基础
子任务2：课前预习	课前预习疑问： (1)________ (2)________ (3)________	可以围绕以上问题展开研究，也可以自主确立想研究的问题

任务实施

任务二　课中任务实施单

一、学习指南

1. 任务名称

掌握电磁兼容标准分类

2. 达成目标

3. 学习方法建议

4. 熟悉电磁兼容标准系列

二、任务实施

任务实施	实施过程	学习建议
子任务3： 分组讨论 分工合作	(1)电磁兼容基础标准分析。 (2)电磁兼容通用标准分析。 (3)电磁兼容产品类标准分析。 (4)电磁兼容专用产品类标准分析	(1)就你最感兴趣的问题，寻找同伴形成小组进行研究，可单人研究一个主题。 (2)关于小组合作，提出几点建议： ①合理分工，发挥长处。 ②互帮互助，团结协作。 ③虚心学习，取长补短。 (3)登录超星平台搜索“电磁兼容检测技术与应用”课程。 提醒：信息庞杂一定要注意筛选与整理
子任务4： 数据判定 成果展示	(1)电磁兼容基础标准分析展示。包括电磁环境、电磁兼容测量设备规范和测量方法等。 (2)电磁兼容通用标准分析展示。所有产品给出一系列最低的电磁兼容性能要求	登录学习通课程网站，完成拓展任务：对产品类标准进行分析

任务二　课后评价总结单

一、评价

1. 学习成果

2. 自主评价

3. 学后反思

二、总结

<table>
<tr><th>项　目</th><th>学习过程</th><th>学习建议</th></tr>
<tr><td>展示交流
研究成果</td><td>(1)EMC 基础标准展示的方式：________
(2)EMC 通用标准展示的方式：________</td><td>作品呈现方式建议：
PPT、视频、图片、照片、文稿、手抄报、角色表演的录像等。
学习成果的分享方式：
(1)将学习成果上传超星平台；
(2)手机、电话、微信等交流</td></tr>
<tr><td>多方对话
自主评价</td><td><table><tr><th>项　目</th><th>优</th><th>良</th><th>中</th><th>及格</th><th>不及格</th></tr><tr><td>按时完成任务</td><td></td><td></td><td></td><td></td><td></td></tr><tr><td>搜索整理
信息能力</td><td></td><td></td><td></td><td></td><td></td></tr><tr><td>小组协作意识</td><td></td><td></td><td></td><td></td><td></td></tr><tr><td>汇报展示能力</td><td></td><td></td><td></td><td></td><td></td></tr><tr><td>创新能力</td><td></td><td></td><td></td><td></td><td></td></tr></table></td><td>(1)评价自我学习成果，评价其他小组的学习成果；
(2)评价方式：
优：四颗星；
良：三颗星；
中：两颗星；
及格：一颗星</td></tr>
<tr><td>学后反思
拓展思考</td><td>总结学习成果：
(1)我收获的知识：________
(2)我提升的能力：________
(3)我需要努力的方面：________</td><td>总结过后，可以登录超星平台，挑战一下“拓展思考”，在讨论区发表自己的看法</td></tr>
</table>

任务三 各国电磁兼容标准及应用认知

相关知识

一、中国标准

1. 中国标准化

中国电磁兼容标准的主要来源有：

(1)CISPR 出版物。

(2)IEC/TC77 制定的 IEC 61000 系列标准。

(3)先进企业标准。这部分标准的数目甚少。

(4)部分根据国内自主科研成果制定的标准。

CISPR 是国际无线电干扰标准化特别委员会的法文缩写，它是 IEC 下设的一个特别委员会。它成立于 1934 年。其最初的宗旨是保护无线电通信和广播不受干扰，为此对各种用电设备无线电骚扰提出了统一的限值与测量方法，以利于国际贸易。目前世界各国对用电设备的无线电骚扰的限制大多取材于它。

TC77 是 IEC 下设的一个技术委员会，成立于 1973 年 6 月。其全称是电气设备(包括网络)的电磁兼容性技术委员会。从名称上看，TC77 就是一个研究电气设备电磁兼容性的专业委员会。TC77 的工作范围有：

(1)整个频率范围内的抗扰度。

(2)低频范围内(≤9 kHz)的骚扰发射现象。TC77 的工作不包括车辆、船舶、飞机、特殊的无线电和电信系统以及属于 CISPR 范围内的 EMC 标准。

TC77 的工作成果莫过于目前世界各国广泛采用的 IEC 61000 系列标准。它涉及电磁环境、发射、抗扰度、试验程序和测量规范。这是近年来 IEC 出版物中内容最丰富的一个系列出版物，共分 9 个部分。其中 IEC 61000-4 系列是比较完整的抗扰度测试基础标准，对于 IEC 的其他技术委员会在编制产品类标准的抗扰度测试项目上有深远的影响力。

为了开展控制电力质量、设备的低频发射、抗扰度性能、测量技术和试验程序等电磁兼容标准化工作，及负责 IEC/TC77 的国内归口工作，于 2000 年 7 月又成立了全国电磁兼容标准化技术委员会(简称电磁兼容标委会，秘书处设在武汉高压研究所)。

为了开展中国自己的无线电干扰标准化工作，1985 年在国家技术监督局的领导下，成立了全国无线电干扰标准化技术委员会(简称全国无干标委会，秘书处设在上海电器科学研究所)。该委员会的主要任务是组织、修订和审查无线电干扰国家标准，开展与 IEC/CISPR 相对应的工作，进行相关产品的质量检验和认证。

全国无线电干扰标准化技术委员会成立以来，在无线电干扰标准化方面做了大量的工作，如国家标准 GB 4343、GB/T 9254、GB 14023 等，分别代表了对家用电器和电动工具、信息技术设备、广播和电视接收机，以及车辆点火系统的这些大类产品的无线电骚扰限值的要求。

中国的电磁兼容标准与国际标准的对应情况由于国家对电磁兼容标准化工作的重视，近几年国内出版了大量的电磁兼容国家与行业标准。由于在标准制定时注意了对国际标准的采集与跟踪，因此这些标准与国际标准基本上能保持同步，这一切对开展强制性产品认证工作和在标准化工作上与国际接轨，消除贸易壁垒，创造宽松便捷的进出口贸易环境，以及进一步促进国家的改革开放和提高经济建设水平起到积极作用。

2. 3C 认证制度

“3C”认证从 2002 年 8 月 1 日起全面实施，原有的产品安全认证和进口安全质量许可制度同期废止。当前已公布的强制性产品认证制度有《强制性产品认证管理规定》、《强制性产品认证标志管理办法》、《第一批实施强制性产品认证的产品目录》和《实施强制性产品认证有关问题的通知》。第一批列入强制性认证目录的产品包括电线电缆、开关、低压电器、电动工具、家用电器、轿车轮胎、汽车载重轮胎、音视频设备、信息设备、电信终端、机动车辆、医疗器械、安全防范设备等。

至今，已发布多项产品，除第一批目录外，还增加了油漆、陶瓷、汽车产品、玩具等产品。需要注意的是，3C 标志并不是质量标志，它是一种最基础的安全认证。

3C 认证主要是试图通过“统一目录，统一标准、技术法规、合格评定程序，统一认证标志，统一收费标准”等一揽子解决方案，彻底解决长期以来中国产品认证制度中出现的政出多门、重复评审、重复收费以及认证行为与执法行为不分的问题，并建立与国际规则相一致的技术法规、标准和合格评定程序，可促进贸易便利化和自由化。

3C 认证是中国强制性产品认证的简称。主要涉及以下几方面：

(1)按照世贸组织有关协议和国际通行规则，国家依法对涉及人类健康安全、动植物生命安全和健康，以及环境保护和公共安全的产品实行统一的强制性产品认证制度。国家认证认可监督管理委员会统一负责国家强制性产品认证制度的管理和组织实施工作。

(2)中国强制性产品认证的主要特点是，国家公布统一的目录，确定统一适用的国家标准、技术规则和实施程序，制定统一的标志标识，规定统一的收费标准。凡列入强制性产品认证目录内的产品，必须经国家指定的认证机构认证合格，取得相关证书并标记认证标志后，方能出厂、进口、销售和在经营服务场所使用。

(3)根据中国入世承诺和体现国民待遇的原则，原来两种制度覆盖的产品有 138 种，公布的 CCC 认证目录删去了原来列入强制性认证管理的医用超声诊断和治疗设备等 16 种产品，增加了建筑用安全玻璃等 10 种产品，实际列入 CCC 认证目录的强制性认证产品共有 132 种。

(4)国家对强制性产品认证使用统一的标志。新的国家强制性认证标志名称为“中国强制认证”，英文名称为“China Compulsory Certification”，英文缩写可简称为“3C”。中国强制认证标志实施以后，将取代原实行的“长城”标志和“CCIB”标志。

(5)国家统一确定强制性产品认证收费项目及标准。新的收费项目和收费标准的制定，将根据不以营利为目的和体现国民待遇的原则，综合考虑现行收费情况，并参照境外同类认证收费项目和收费标准。

(6)中国强制性产品认证于 2002 年 8 月 1 日起实施，有关认证机构正式开始受理申请。原有的产品安全认证制度和进口安全质量许可制度自 2003 年 8 月 1 日起废止。

二、欧洲标准

欧洲共同体理事会在1989年5月颁布了电磁兼容指令89/336/EEC,又称EMC指令。该指令要求所有投放欧洲共同体市场的电子电器产品必须符合EMC指令中对电磁兼容的基本要求,不仅规定了电器产品产生的电磁骚扰及其限值,也规定了电器产品因为可能受到电磁骚扰而应具备的抗干扰能力。该指令已经实施了多年,并在2007年7月20日到期废止。新的EMC指令2004/108/EC已在2004年12月发布,并于2005年1月20日开始生效。根据规定,符合旧指令的产品可以延续使用至2009年7月20日。

1. 监管范围

电磁兼容指令适用于可能产生电磁骚扰的设备或其性能可能会受到骚扰的设备和固定成套设备,具体覆盖12类电子电器产品,其中第七类信息技术设备涵盖计算机及外围设备。

2. 不适用的设备

(1)不会产生超过允许电磁骚扰电平的无线、电信设备和其他设备;按预期正常工作,虽然有电磁骚扰出现但没有出现工作性能降低的设备。

(2)1995/5/EC指令《欧洲议会和理事会关于无线电设备和电信终端设备及符合性的指令》适用的设备。

(3)欧洲议会和理事会2002/7/15的法规(EC)NO1592/2002所指的航空设备、部件和设备。

(4)在"ITU宪章和公约"(the Constitution and Convention of the ITU)框架内采纳的"无线电规则"(radio regulation)范畴内无线电业余爱好者使用的无线设备,除非设备是可购商品。由无线电爱好者装配的套件和由无线爱好者修改并使用的商业设备不认为是可购商品。

3. 基本要求

欧盟EMC指令包含了电磁干扰(EMI)和抗干扰(EMS)两方面。在保护要求方面,指令要求设备应依据现状进行设计和制造,以确保设备产生的电磁骚扰不超过无线电通信设备或其他设备不能按预期用途正常运行的水平;并且设备对预期使用中遇到的电磁骚扰应有抗扰性,预期性能没有无法接受的降低。

4. IT设备的电磁兼容指令协调标准

欧盟计算机及外围设备的电磁兼容指令协调标准主要涉及了以下电磁兼容测试项目:电源端子传导骚扰、电信端口传导骚扰、辐射骚扰、谐波电流、电压波动及闪烁、静电放电抗扰度、辐射电磁场抗扰度、电快速瞬变脉冲群抗扰度、浪涌抗扰度、传导抗扰度、工频磁场抗扰度、电压跌落等。

另外,选择设备适用的协调标准有以下几个基本原则:

(1)系列产品的范围或产品的标准支配着标准的适用,仔细确定产品的范围及其相关内容,如计算机及外围设备属于信息技术设备范围,因此计算机及外围设备适用信息技术设备EMC标准。

(2)在对产品范围的确定感到模糊时,可以根据产品的功能来确定,如某种型号的计算机设备是属于Class A设备还是Class B设备,其辐射骚扰要求可以根据该设备的使用功能来确定。

(3)产品特殊的接口要求可能未包含在产品系列标准里,而是在另外的接口规范里,如与调制解调器和网卡相连的计算机,若该调制解调器和网卡作为电信终端设备,则有电信端口传导骚扰测试要求。

(4)无线电干扰辐射限值要求的几个标准(如 EN 55011、EN 55013、EN 55014、EN 55015、EN 55022)是排他的,这意味着单一功能的设备的无线电干扰辐射限值标准只能选择其中的一个来符合 EMC 指令的要求。

(5)对于多功能设备,其电磁干扰和抗干扰的适用标准可能有多个。

(6)若设备投放欧洲共同体市场的时间是在新版协调标准执行时间与被替代产品废止时间之间,设备对 EMC 指令的符合性可以选择新版标准,也可以选择即将被替代的标准。

(7)对于协调标准的范围,如果新版标准的范围比被替代的标准范围窄,则从被替代标准废止日开始,新版标准覆盖的产品将使用新版标准,而在被替代标准范围内不在新版标准范围内的产品仍使用被替代的标准;如果新版标准的产品覆盖范围比被替代标准宽,则新版标准所覆盖的所有产品将从被替代标准废止日开始使用新版标准;如果新版标准包含的产品以前不属于该产品系列标准范围,则可以使用相关的通用标准。

三、美国标准

美国的联邦通信委员会(FCC)成立于 1934 年,它主要对无线电、通信等进行管理与控制,属政府机构,有执法权。它与政府、企业合作制定 FCC 法规、标准。内容涉及无线电、通信等各方面,特别是无线通信设备和系统的无线电干扰问题,包括无线电干扰限值与测量方法,认证体系与组织管理制度等。FCC 对 B 级产品执行强制认证,而且应由其认证实验室直接进行。FCC 下属约 200 个"独立实验室(ITL)",分布在美国本土及世界各地。ITL 的主要职责是对申请得到 A 级认证的产品进行测试,并负责培训认证及测试人员以及技术咨询。

联邦通信委员会(FCC)管理所有商业(即非军事)电磁辐射源,FCC 规则和法规第 47、第 15 部分,指定有意和无意辐射源的辐射范围。美国联邦通信委员会规定的无意辐射源包括:任何无意的辐射器(设备或系统),它以每秒超过 9 000 个脉冲(周期)的速率产生并使用定时脉冲和数字技术。这几乎包括所有采用微处理器的产品,包括计算机、计算机外围设备、电子游戏、办公设备和销售点终端。某些类别的电子设备不必完全满足第 15 部分的要求,包括汽车、电器和工业、科学或医疗设备。根据第 15 部分规定,任何产品销售或宣传销售是非法的,直到其辐射和传导排放量已经过测量并发现符合要求。

大多数受第 15 部分规定的产品属于两类:A 类设备是在商业、工业或商业环境中销售的设备;B 类设备是在家中销售的设备。B 类限制比 A 类限制更严格。辐射和传导 EMI 测试程序在 ANSI 标准 C63.4 中定义。FCC 规则和条例第 15 部分,仅规范电磁辐射,目前,没有关于产品对电磁场的免疫力的 FCC 规定。FCC A/B 类传导 EMI 限制见表 6-6,FCC A/B 类辐射 EMI 限制见表 6-7。

表 6-6　FCC A/B 类传导 EMI 限制

<table>
<tr><td colspan="3">FCC A 类传导 EMI 限制</td></tr>
<tr><td rowspan="2">发射频率/MHz</td><td colspan="2">传导极限/dBμV</td></tr>
<tr><td>准峰值</td><td>平均</td></tr>
<tr><td>0. 15 ~ 0. 50</td><td>79</td><td>66</td></tr>
<tr><td>0. 50 ~ 30. 0</td><td>73</td><td>60</td></tr>
<tr><td colspan="3">FCC B 类传导 EMI 限制</td></tr>
<tr><td rowspan="2">发射频率/MHz</td><td colspan="2">传导极限/dBμV</td></tr>
<tr><td>准峰值</td><td>平均</td></tr>
<tr><td>0. 15 ~ 0. 50</td><td>66 ~ 56</td><td>56 ~ 46</td></tr>
<tr><td>0. 50 ~ 5. 00</td><td>56</td><td>46</td></tr>
<tr><td>5. 00 ~ 30. 0</td><td>60</td><td>50</td></tr>
</table>

表 6-7　FCC A/B 类辐射 EMI 限制

<table>
<tr><td colspan="2">FCC A 类 10 m 辐射 EMI 限制</td></tr>
<tr><td>发射频率/MHz</td><td>场强限制/(dBμV/m)</td></tr>
<tr><td>30 ~ 88</td><td>39</td></tr>
<tr><td>88 ~ 216</td><td>43. 5</td></tr>
<tr><td>216 ~ 960</td><td>46. 5</td></tr>
<tr><td>960 以上</td><td>49. 5</td></tr>
<tr><td colspan="2">FCC B 类 3 m 辐射 EMI 限制</td></tr>
<tr><td>发射频率/MHz</td><td>场强限制/(dBμV/m)</td></tr>
<tr><td>30 ~ 88</td><td>40</td></tr>
<tr><td>88 ~ 216</td><td>43. 5</td></tr>
<tr><td>216 ~ 960</td><td>46</td></tr>
<tr><td>960 以上</td><td>54</td></tr>
</table>

任务决策

任务三　课前任务决策单

一、学习指南

1. 任务名称

各国电磁兼容标准及应用认知

2. 达成目标

3. 学习方法建议

4. 课前预习心得

二、学习任务

学习任务	学习过程	学习建议
子任务1：明确任务	明确学习任务，查找资料，填写课前任务决策单	阅读相关知识，查看资料，独立思考。初步感知，为下一步的学习和思考奠定基础
子任务2：课前预习	课前预习疑问： (1)______ (2)______ (3)______	可以围绕以上问题展开研究，也可以自主确立想研究的问题

任务实施

任务三　课中任务实施单

一、学习指南

1. 任务名称

各国电磁兼容标准及应用认知

2. 达成目标

3. 学习方法建议

4. 熟悉各国电磁兼容标准

二、任务实施

任务实施	实施过程	学习建议
子任务3： 分组讨论 分工合作	(1)电磁兼容国内标准分析。 (2)电磁兼容欧洲标准分析。 (3)电磁兼容美国标准分析。 (4)电磁兼容日本标准分析	(1)就你最感兴趣的问题，寻找同伴形成小组进行研究，可单人研究一个主题。 (2)关于小组合作，提出几点建议： ①合理分工，发挥长处。 ②互帮互助，团结协作。 ③虚心学习，取长补短。 (3)登录超星平台搜索“电磁兼容检测技术与应用”课程。 提醒：信息庞杂一定要注意筛选与整理
子任务4： 数据判定 成果展示	(1)电磁兼容国内标准分析展示。 (2)电磁兼容欧洲标准分析展示	登录学习通课程网站，完成拓展任务：对电磁兼容日美标准进行分析

任务三　课后评价总结单

一、评价

1. 学习成果

2. 自主评价

3. 学后反思

二、总结

<table>
<tr><th>项　　目</th><th>学习过程</th><th>学习建议</th></tr>
<tr><td>展示交流
研究成果</td><td>(1)电磁兼容国内标准展示的方式:______
(2)电磁兼容欧洲标准展示的方式:______</td><td>作品呈现方式建议:
PPT、视频、图片、照片、文稿、手抄报、角色表演的录像等。
学习成果的分享方式:
(1)将学习成果上传超星平台;
(2)手机、电话、微信等交流</td></tr>
<tr><td>多方对话
自主评价</td><td><table><tr><th>项　　目</th><th>优</th><th>良</th><th>中</th><th>及格</th><th>不及格</th></tr><tr><td>按时完成任务</td><td></td><td></td><td></td><td></td><td></td></tr><tr><td>搜索整理信息能力</td><td></td><td></td><td></td><td></td><td></td></tr><tr><td>小组协作意识</td><td></td><td></td><td></td><td></td><td></td></tr><tr><td>汇报展示能力</td><td></td><td></td><td></td><td></td><td></td></tr><tr><td>创新能力</td><td></td><td></td><td></td><td></td><td></td></tr></table></td><td>(1)评价自我学习成果,评价其他小组的学习成果;
(2)评价方式:
优:四颗星;
良:三颗星;
中:两颗星;
及格:一颗星</td></tr>
<tr><td>学后反思
拓展思考</td><td>总结学习成果:
(1)我收获的知识:______
(2)我提升的能力:______
(3)我需要努力的方面:______</td><td>总结过后,可以登录超星平台,挑战一下"拓展思考",在讨论区发表自己的看法</td></tr>
</table>

巩固与提高

一、填空题

1. 国际上公认的权威标准化组织有三个,分别是________、________和________。

2. 我国电磁兼容标准与国际标准类似,可分为________、________和________。

3. 基础标准描述了 EMC 现象,规定了 EMC 测试方法、设备,定义了________,基础标准不涉及________。

4. 通用标准是按照设备________划分的。当产品没有特定的产品类标准可以遵循时,使用________来进行 EMC 测试。

5. 产品类标准针对________的 EMC 测试标准,往往引用________,但对于产品的特殊性会提出更详细的规定。

二、简答题

1. 受试设备的性能等级如何划分?

2. 简述 EMC 的概念,何为 EMI, 何为 EMS?

3. 写出 EMS 通常测试的七大项目(需英文简写 + 中文),以及对应的 IEC 标准?

4. 一只 Wi-Fi 天线的频率为 2.5 GHz,请问它的远场从什么位置开始?

5. 请衡量 3 dB 和 -3 dB 分别表示功率变化了多少倍?

6. 请计算：

60 dBm = ________ W。

30 W = ________ dBw = ________ dBm。

10 V = ________ dBμV。

5 A = ________ dBmA。

7. 辐射测试和辐射抗扰度测试过程中，天线分别起什么样的作用？两只天线满足什么样的极化条件时，最有利于信号的收发？

8. 什么是半电波暗室？什么是全电波暗室？

9. 传导是通过哪些方式进行传播的？

10. 电压闪烁有什么危害？

附录 A　EMC 测试专业术语

(1)设备(equipment)指作为一个独立单元进行工作,并完成单一功能的任何电气、电子或机电装置。

(2)系统(system)指若干设备、分系统、专职人员及可以执行或保障工作任务的技术组合。

(3)电磁环境(electro magnetic environment)存在于给定场所的所有电磁现象的总和。

(4)EMC(electro magnetic compatibility)电磁兼容性。

(5)EMI(electro magnetic interference)电磁干扰。

(6)EMS(electro magnetic susceptibility)电磁抗扰度。

(7)RE(radiated emission)辐射骚扰(俗称:电磁辐射、辐射发射)。

(8)CE(conducted emission)传导骚扰(俗称:传导发射)。

(9)CS(conducted susceptibility)传导骚扰抗扰度。

(10)RS(radiated susceptibility)射频电磁场辐射抗扰度。

(11)ESD(electrostatic discharge)静电放电。

(12)EFT/B(electrical fast transient burst)电快速瞬变脉冲群。

(13)RFI(Radio Frequency Interference)无线电频率干扰。

(14)ISM(Industrial Scientific Medical)工业、科学、医疗用射频设备。

附录B　EMC测试标准

1. 国外标准

EN 55014-1《电磁兼容性　家用电器　电动工具和类似器具的要求　第1部分:发射》

EN 55014-2《电磁兼容性　家用器具　电子工具和类似器具的要求　第2部分:抗扰度》

EN 61000-3-2《电磁兼容性(EMC)　第3-2部分　限值　输入电流每相小于等于16 A的设备的谐波电流发射限值》

EN 61000-3-3《电磁兼容性(EMC)　第3-3部分　限值　每相额定电流小于等于16 A、不受条件限制的连接设备用公共低压供电系统电压变化、电压波动和闪烁的限制》

EN 61000-4-2《电磁兼容性(EMC)　第4-2部分　试验和测量技术　静电放电抗扰试验》

EN 61000-4-3《电磁兼容性(EMC)　第4-3部分　试验和测量技术　辐射,射频,电磁场抗扰性试验》

EN 61000-4-4《电磁兼容性(EMC)　第4-4部分　试验和测量技术　电快速瞬时/脉冲群抗扰度试验》

EN 61000-4-5《电磁兼容性(EMC)　第4-5部分　测试和测量技术　浪涌抗扰度试验》

EN 61000-4-6《电磁兼容性(EMC)　第4-6部分　测试和测量技术　射频磁场感应的传导干扰的抗扰性》

EN 61000-4-8《电磁兼容性(EMC)　第4-8部分　试验和测量技术　电源频率磁场抗扰试验》

EN 61000-4-11《电磁兼容性(EMC)　第4-11部分　试验和测量技术　电压暂降、短时中断和电压变化抗扰度试验》

EN 61000-4-12《电磁兼容性(EMC)　第4-12部分　测试和测量技术　环形波抗扰度试验》

EN 61000-4-13《电磁兼容性(EMC)　第4-13部分　试验和测量技术　包括交流电功率端主信令谐波和中间谐波的低频抗扰试验的试验和测量技术》

2. 国内标准

GB/T 17743—2021《电气照明和类似设备的无线电骚扰特性的限值和测量方法》

GB/T 19287—2016《电信设备的抗扰度通用要求》

YD/T 1312《无线通信设备电磁兼容性要求和测量方法》

GB/T 17626《电磁兼容　试验和测量技术》

GB/T 12572—2008《无线电发射设备参数通用要求和测量方法》

GB/T 26256—2010《2. 4 GHz频段无线电通信设备的相互干扰限制与共存要求及测试方法》

GB/T 21646—2008《400 MHz频段模拟公众无线对讲机技术规范和测量方法》

GB 8702—2014《电磁环境控制限制》

参考文献

[1] 李亮. 电磁兼容(EMC)计算及应用实例详解[M]. 北京:电子工业出版社,2014.

[2] 杨显清,杨德强,潘锦. 电磁兼容原理与技术[M]. 3 版. 北京:电子工业出版社,2016.

[3] 熊蕊. 电磁兼容原理及应用[M]. 北京:机械工业出版社,2013.

[4] 梁振光. 电磁兼容原理、技术及应用[M], 北京:机械工业出版社,2017.

[5] 郑军奇. EMC 电磁兼容设计与测试案例分析[M]. 3 版. 北京:电子工业出版社,2018.

[6] 张君,钱枫. 电磁兼容(EMC)标准解析与产品整改实用手册[M], 北京:电子工业出版社,2015.

[7] 刘培国. 电磁兼容基础[M]. 2 版. 北京:电子工业出版社,2015.

[8] 杨继深. 电磁兼容(EMC)技术之产品研发及认证[M]. 北京:电子工业出版社,2014.

[9] 陈立辉. 电磁兼容(EMC)设计与测试之移动通信产品[M]. 北京:电子工业出版社,2014.

[10] 柯达里, 陈淑凤. 工程电磁兼容:原理、测试、技术工艺及计算机模型[M]. 北京:人民邮电出版社,2006.

[11] 韦斯顿,杨自佑. 电磁兼容原理与应用方法、分析、电路、测量[M]. 北京:机械工业出版社,2020.

[12] 何金良. 电磁兼容概论[M]. 北京:科学出版社, 2010.

[13] 杜佐兵, 王海彦. 物联产品电磁兼容分析与设计[M]. 北京:机械工业出版社, 2021.

[14] 陈洁. 电磁兼容设计与应用[M]. 北京:机械工业出版社, 2021.

[15] 邵小桃. 电磁兼容与 PCB 设计[M]. 北京:清华大学出版社, 2016.